U0661690

宽容

方 圆 · 著

宰相肚里能撑船

海纳百川，有容乃大

中国出版集团 现代出版社

图书在版编目(CIP)数据

宽容:宰相肚里能撑船／方圆著. —北京：现代出版社，2013.12
(2021.3 重印)

（身心灵魔力书系）

ISBN 978 - 7 - 5143 - 1970 - 5

Ⅰ. ①宽…　Ⅱ. ①方…　Ⅲ. ①散文集 - 中国 - 当代

Ⅳ. ①I267

中国版本图书馆 CIP 数据核字(2013)第 313632 号

作　　者　方　圆

责任编辑　杨学庆

出版发行　现代出版社

通讯地址　北京市安定门外安华里 504 号

邮政编码　100011

电　　话　010 - 64267325 64245264（传真）

网　　址　www. 1980xd. com

电子邮箱　xiandai@ cnpitc. com. cn

印　　刷　河北飞鸿印刷有限责任公司

开　　本　700mm×1000mm　1/16

印　　张　11

版　　次　2013 年 12 月第 1 版　2021 年 3 月第 3 次印刷

书　　号　ISBN 978 - 7 - 5143 - 1970 - 5

定　　价　39.80 元

P 前 言
REFACE

为什么当代的青少年拥有幸福的生活却依然感到不幸福、不快乐？怎样才能彻底摆脱日复一日的身心疲惫？怎样才能活得更真实快乐？

对于每个人来讲，你可能是幸福的、满足的，也可能是不幸福的。因为你有选择的权利。决定你选择的因素只有一点，那就是你是接受积极的还是消极心态的影响。而这个因素是你所能控制的。

你是否觉得烦恼、孤寂、不幸、痛苦？你是否感受过快乐？你是否品尝过幸福的味道？烦恼、孤寂、不幸、痛苦、快乐、幸福，这些都是形容词，而所有的形容词都是相对而言的。没尝过痛苦，又怎知何谓幸福的人生？总是到紧要关头才发现，幸福早就放在自己的面前。人的幸福，是人们对它的理解和感觉所赋予的，其实，幸福与否只在于你的心怎么看待。不幸又岂非人生之必经？有时候很奇怪，每每拥有幸福的时候，人往往不懂得这些就是幸福，总是要到失去以后才发现，幸福早就放在了自己的面前。

肚子饿坏时，有一碗热腾腾的面放在你眼前，是幸福；累得半死时，有一张软软的床让你躺上去，是幸福；哭得伤心欲绝时，旁边有人温柔地递过来一张纸巾；是幸福……幸福没有绝对的定义，幸福只是心的感觉。幸福与否，只在于你的心怎么看待。你要是总感觉自己钱没有别人多，地位没有别人高，妻子没有别人的漂亮，丈夫没有别人的体贴，孩子没有别人的聪明，你能感到幸福吗？

　　越是在喧嚣和困惑的环境中无所适从，我们越觉得快乐和宁静是何等的难能可贵。其实"心安处即自由乡"，善于调节内心是一种拯救自我的能力。当人们能够对自我有清醒认识，对他人宽容友善，对生活无限热爱的时候，一个拥有强大的心灵力量的你将会更加自信而乐观地面对现实，面向未来。

　　本丛书将唤起青少年心底的觉察和智慧，给那些浮躁的心清凉解毒，进而帮助青少年创造身心健康的生活，来解除心理问题这一越来越成为影响青少年健康和正常学习、生活、社交的主要障碍。本丛书从心理问题的普遍性着手，分别描述了性格、情绪、压力、意志、人际交往、异常行为等方面容易出现的一些心理问题，并提出了具体实用的应对策略，以帮助青少年朋友科学调适身心，实现心理自助。

C目　录
ONTENTS

第三章　以和为贵更幸福

第四章　有宽厚才有和谐

第五章　做不记恨的人

第六章　计较会让你失去更多

第七章　宽容忍让人缘好

第一章
拥有海纳百川的胸襟

作家雨果曾写过:"世界上最宽阔的是海洋,比海洋更宽阔的是天空,比天空更宽阔的是人的心灵"。

在生活和工作中,有了容人容事的气量和风度,拥有宽广的心理生活空间,才能善于吸收各种丰富的知识和经验,善于听取各方面的意见,善于博采众长,也才能使自己长本事,长智慧。真正的成功者都拥有海纳百川的胸襟和气概。

宽恕是一项技能,你践行得越多,就越容易做到。多加练习有十足的益处。

谁有权选择宽恕

宽恕是无比珍贵而重要的,我们绝不能轻视它或是像看漫画一般,一笑置之。 宽恕,意味着一个人的自爱达到了能够使自己做到诚实、开朗,在生活中乐于进取而不妥协的程度;意味着一种善意的理解和理解之后的爱和关怀;意味着我们要学会不仅对我们的错误。而且对我们的全部经历心怀感激之情。

有这样一个故事:

从前有个顽固不化、独断专行的国王,非要臣民尊称他为"睿智而高贵的神"。他喜欢这个名号,对它十分向往。有一天,他发现有个老人不肯这样称呼他。于是,国王便派人将那老人找来。问他为什么不愿意遵照圣旨称呼国王为"睿智而高贵的神"。

"我不是因为叛逆也不是不敬,纯粹是因为我不觉得你是那样的人,"老人说,"要是我这么称呼你,那我就是不诚实。"结果老人为自己的诚实付出了沉重的代价——国王下命令把他关押进一个阴森可怕的地牢里。

一年后,国王又把他召到眼前。"你改变心意了吗?"

"很抱歉,我还是不觉得你是那样的人。"

于是,他又被投放到暗无天日的地牢里关了一年。他的三餐只有面包和水。

又过了一年,老人变得更加瘦骨嶙峋了,可是他的心意依旧未变。

国王很生气,但也感到好奇。他释放了老人,然后暗自跟踪他返回家园。待老人回到渔夫的破屋,妻子对老伴的平安归来喜出望外,似乎有说不完的话。

趁着夫妻俩谈话的空儿，国王躲在暗处偷听。只听那女人很是怨愤国王，责怪国王把自己的丈夫羁押了两年，还如此虐待他。然而，老人并不那样认为。老人说："咱们的国王其实没有你想的那么坏，"他说。"再怎么说，他是个好国王。他照顾贫苦人、修筑道路、建设医院、制定公正的律法。"躲藏在暗处的国王听闻此番言语，异常感动——老人对自己不但毫无怨言，反而看到了自己的优点……

于是，国王内心翻腾不已，悔恨交加。他流着眼泪，从藏身处走出，站在老人夫妇面前说道："我太对不起你们。我做了这么坏的事，你还是不怨恨我。"老人见到国王突然间"大驾光临"，十分诧异，说道："我刚才说的都是真心话，睿智而高贵的神，你是个好国王。"

国王吓了一跳，"你刚才称我'睿智而高贵的神'，为什么？"

"因为您具备了请求宽恕的能力。"老人平静地回答说。

正确了解、运用宽恕的历程，可以帮助人从生气和愤恨中释放出来。

每一位受伤害的人都可以选择宽恕，但是你只能宽恕那个人对你做的事，你并无法代替另一个人宽恕这个人。事实上，每个人都有选择的权利，因此，我们同样尊重受害者选择不宽恕的权利。正如故事中老人，对于国王施加给自己的地牢之灾，他选择了宽恕；而老人的妻子则选择了气愤。她的选择无可厚非，毕竟，国王让她的丈夫吃尽苦头，损耗了躯体。老人虽然不能干涉妻子的选择，但他在向积极的方向引导妻子的态度，让妻子选择宽恕。至于妻子是否能够宽恕国王的行径，那是她个人的事情了。

现实生活中，如果你欠我1万元，我可以不计较，但是我不能说你可以不必偿还欠他人的债务。同样的道理，玛瑞拉可以宽恕绑架女儿的人对她造成的伤害，但是她不能代替女儿宽恕他，因为只有她女儿才能作这个决定。

需要提醒的是，宽恕并不等同于既往不咎。如果你是过去某个不公义事件的受害者，因害怕历史重演而无奈地保持沉默，这并不是宽恕；宽恕也不需要继续困于受虐之中；宽恕既不需要接受不公义，也不是自以为是的正义，以为自己在道德上胜人一等，所以一方面为自己的高贵情操和慷慨

Chapter 1

拥有海纳百川的胸襟 | **第 一 章**

大度洋洋自得,另一方面却还惦记着那个不善待自己的"敌人",念念不忘他对自己的所作所为而承受煎熬。宽恕的意思单纯是,你不愿意再为一桩陈年旧事而把愤怒越养越大,从而毁了你的生活。

当然,宽恕要比技能更多一些,它是能发展出善心与德行的态度。当你在为人处世的过程中不断践行宽恕,它甚至可能成为你的自我认同以及你这个人的一部分。当你真正理解并且践行宽恕时,它能改变你的人格特征和人际关系。

魔力悄悄话

宽恕是开启复合的一扇门,但并不包括相信不值得信任的人。即使伤害者不思悔改,你也可以做到宽恕并重新恢复生命的平静与健全。决定权掌握在你手中。

享受宽恕带给你的快乐

有这样一段有趣的对白：

寒山老人问道："当世人谤我、辱我、轻我、骗我、欺我、笑我、恶我，当如何处之？"

居士答曰："只是忍他、让他、耐他、由他、教他、避他、不理他，过几载，你再看他。"

在这个世间，没有人是完美无缺的，加上个体的差异，人与人之间的相处总会有一些磕磕绊绊。

生活中也时常会有一些无法避免的过节。如果你无法宽恕，那么痛苦的人会是你自己，因为怨恨和愤怒是附着在你身上的，被你所怨恨的人是体会不到的。宽恕会让你从痛苦中获得解放。所以，如果你想要快乐，宽恕是唯一之道。你只有在释放了批判和愤恨之后，才有可能体会到快乐与喜悦。

战国时期，楚庄王亲自统率大军出外讨伐，结果大获全胜。当他班师回到京城郢都之时，百姓夹道欢迎。

为了庆贺战功，庄王宴请群臣，与众臣同乐，并招来嫔妃和群臣同席畅饮。不知不觉中日落西山，庄王兴犹未尽，遂命点起蜡烛夜宴，又命令宠妃许姬斟酒助兴。

不料，忽然刮来一阵大风，蜡烛都被吹灭了。黑暗中，有个人趁着混乱居然拉住了许姬的衣袖，许姬恼怒，又不便声张，挣扎之中衣袖被撕破，直到她机警地扯断那人帽子上的缎带，那人才惊慌溜掉。许姬走到庄王跟前，附耳禀报了实情。

庄王听罢，沉吟片刻，吩咐左右先不要点烛，然后命众人摘下帽子，解开缨带，尽情畅饮，这时庄王才命人掌灯点烛，在烛光之下，但见群臣绝缨饮酒，已无法辨认谁的缨带被扯断了。庄王就像没发生过这件事一样，与群臣饮至深夜方散。后来，庄王也再没提起此事。

又过了几年，庄王出兵伐郑，命襄将军为前军统帅，其部下唐角请命，愿为大军开道。由于唐角骁勇善战。郑军被杀得落荒而逃，直取郑重都陈阳。

庆功会上，庄王召见唐角，并当众加倍赏赐。唐角忙跪下道："臣受君王之恩赐已经很厚了，哪敢再领赏？"庄王惊讶道："寡人并不识卿，怎么说受过我的赏赐呢？"唐角愧色满面，低声谢罪："绝缨夜宴上扯美人衣袖的就是罪臣，大王不究死罪，小臣感恩不忘，所以舍命相报。"

得饶人处且饶人，才能得人舍命相报。倘若楚庄王不能容人之过，谅人之短，而在绝缨宴上明烛治罪，又怎能得到唐角的拼力死战呢？宽恕的魅力由此可见一斑。

《红楼梦》中的薛宝钗也是一个善于以宽恕化解僵局的典范。黛玉、宝玉和宝钗构成了一种微妙的"三角"关系。对于宝钗与宝玉的亲近，孤傲清高的黛玉自然心怀嫉妒，把宝钗视为"情敌"，因而每有机会，黛玉总要醋溜溜地贬损宝钗一番。

宝钗总是采用恰当而巧妙的办法予以化解，对于黛玉无关紧要的敌意，她不予理睬；对于某种有辱人格的讽刺挖苦，予以适当的回敬，一旦发现了转机便紧紧抓住，努力争取和解。

有一次，贾母等人猜拳行令随意玩乐，黛玉无意中说出了几句《西厢记》和《牡丹亭》中的艳词。黛玉这样的名门闺秀怎么能读禁书，说艳词？这会被人指责为大逆不道。

好在许多读书的人没有听出来，但此事瞒得过别人却瞒不过宝钗，然而宝钗却没有感情用事，图一时痛快，借此机会让黛玉难堪。

事后，到了背地里，宝钗便叫住黛玉，冷笑道："好个千金小姐，好个尚未出阁的女孩儿！满嘴说的是什么？"她先给黛玉来了个下马威，让对方感到问题的严重。

黛玉只好求饶说："好姐姐，你别说与别人，我以后再也不说了。"宝钗见她满脸羞红，不再往下追问。

这种适可而止的宽恕态度又让黛玉觉得感激。宝钗还设身处地开导黛玉，在这些地方要谨慎一些才好，以免授人以柄，因为她是出自真心实意的关心。"一席话说得黛玉垂下头来吃茶，心中暗服，只有答应一个'是'了。"

此事之后，宝钗守口如瓶，没有向任何人透露一点黛玉失言之事。她的信守诺言，使黛玉改变了对她的成见。黛玉诚恳地对她说："你素日待人固然是极好的，然而我又是多心的，竟没有一个人像你前日的话那样教导我……比如你说了那个，我断不会放过的，你竟毫不介意，反劝我那些话，若不是前日看出来，今日这些话，再不对你说的。"至此，宝钗和黛玉已达成和解。

宝钗的最大优点、可爱之处就是善解人意，珍重友情。她并不以和解为止。而是和解之后对黛玉关怀体贴，加深相互之间的感情。她深知黛玉心中的苦楚，黛玉生病，她来探望，当得知黛玉怕别人说三道四而不愿熬燕窝的时候，立刻将自己家的燕窝送给黛玉吃。

当黛玉悲叹自己孤苦伶仃的时候，她便劝慰道："你放心，我在这里一日便与你消遣一日。你有什么委屈繁难只管告诉我，我能解的替你解一日。"如此劝慰体贴，便使黛玉觉得自己到底有个可以相伴谈心知己，自然更加亲近。

宝钗又说："我虽有个哥哥，但你也是知道的，只有个母亲比你略强些，咱们是同病相怜！"一个同病相怜，一下子使两颗心紧紧贴在一起。

黛玉最初对宝钗抱有敌意，后来却视宝钗为可靠的知己，这是为什么呢？

答案其实很简单。俗话说:"忍一时风平浪静,退一步海阔天空。"生活中当我们用一颗宽恕的心对待别人时,同样也会为自己开创出一片新天地。

我们要学会宽恕,即使是对一些侵害过我们利益或伤害我们感情的人也要适当地容忍。假如人人都能行宽恕之举,世界将变得更加可爱。

魔力悄悄话

你讨厌、愤恨一个人,只因为他犯了个错?事实上,每个人都会犯错,如果你因为他们犯错就愤恨他们,那你岂不是要愤恨所有的人吗?难道你能够保证自己不犯错吗?肯定不能吧!因此,就像放掉手中的大石头一样,放手让气愤和怨恨离开你的身体吧!抱着"大石头"会让你生活得过于沉重,放掉它你才能减轻负荷,才能获得真正的自由和好运。

宽恕换来无限温情

宽恕,是一个人成熟的标志,是一种"胸中天地宽,常有渡人船"的人生境界。这既需要来自上天的力量帮助,又要经过一番生活的磨炼。记住,有时给别人一点空间,等于是在给自己回旋的余地。你对别人多行一些宽恕,才有可能吸引来别人对你的百倍温情。

生活中,能得到别人宽恕的人是幸福的,能宽恕别人的人是高尚的。

这是一场惨烈的战争,几乎所有的士兵都丧命于敌人的刀剑之下。

命运将两个地位悬殊的人聚到了一起:一个是年轻的指挥官,一个是年老的炊事员。

他们在奔逃中相遇。两个人不约而同地选择了相同的路径——沙漠。追兵止于沙漠的边缘,因为他们不相信有人会从那儿活着出去。

"请带上我吧,丰富的阅历教会了我如何在沙漠中辨认方向,我会对你有用的。"老人哀求道。指挥官麻木地下了马,他认为自己已经没有了求生的资格。他望着老人花白的双鬓,心里不禁一颤:由于我的无能,几万个鲜活的生命从这个世界上消失。我有责任保护这最后一个士兵。他扶老人上了战马。

到处是金色的沙丘。在这茫茫的沙海中,没有一个标志性的东西,使人很难辨认方向。

"跟我走吧。"老人果敢地说。指挥官跟在他的后面。灼热的阳光将沙子烤得如炙热的煤炭一样,喉咙干得几乎要冒烟。他们没有水,也没有食物。老人说:"把马杀了吧!"年轻人怔了怔,唉,要想活着也只能如此了。他取下腰间的军刀……

"现在,马没了,就请你背我走吧!"年轻人又一望,心想,你有手有脚,为什么要人背着走,这要求着实有点过分。但长期以来,他都处在深深的自责之中,老人此时要在沙漠中逃生,也完全是因为他的不称职。他此刻唯一的信念就是让老人活下去,以弥补自己的罪过。他们就这样一步一步地前行,在大漠上留下了一串深陷且绵延的脚印。

一天,两天……十天。茫茫的沙漠好像无边无际,到处是灼烧的沙砾,满眼是弯曲的线条。白天,年轻人是一匹任劳任怨的骆驼;晚上,他又成了最体贴周到的仆从。然而,老人的要求却越来越多,越来越过分。他会将两人每天总共的食物吃掉一大半,会将每天定量的马血喝掉好几口。年轻人从没有怨言。他只希望老人能活着走出沙漠。

他俩越来越虚弱,直到有一天,老人奄奄一息了,"你走吧,别管我了。"老人说,"我不行了,还是你自己去逃生吧。""不,我已经没有了生的勇气,即使活着我也不会得到别人的宽恕。"一丝苦笑浮上了老人的面容。"说实话,这些天来难道你就没有感到我在刁难、拖累你吗?我真没想到,你的心可以包容下这些不平等的待遇。"

"我想让你活着,你让我想起了我的父亲。"年轻人痛苦地说。老人此刻解下了身上的一个布包,"拿去吧,里面有水,也有吃的,还有指南针。你朝东再走一天,就可以走出沙漠了。我们在这里的时间实在太长了……"老人闭上了眼睛。

"你醒醒,我不会丢下你的,我要背你出去。"老人勉强睁开眼睛,"唉,难道你真的认为沙漠这么漫无边际吗? 其实,只要走三天,就可以出去,我只是带你走了一个圆圈而已。我亲眼看着我两个儿子死在敌人的刀下,他们的血染红了我眼前的世界,这全是因为你。我曾想与你同归于尽,一起耗死在这无边的沙漠里,然而你却用胸怀融化了我内心的仇恨,我已经被你的宽恕大度所征服。只有能宽恕别人的人才配受到他人的宽恕。"老人永久地闭上了眼睛。

指挥官震惊地矗立在那儿,仿佛又经历了一场战争,一场人生的战斗。他得到了一位父亲的宽恕。此时他才明白武力征服的只是人的躯体,只有靠爱和宽恕大度才能赢得人心。他放平老人的身体,怀着宽恕之心,向希望走去。

宽恕,是一种正向的人格特质。它包含了快乐,也包含了对他人的信心,表现出心灵的泱泱大度。它非关逻辑,出人不意,有时更是非常人所能及,它让我们脱离仇恨的锁链束缚。无论是谁践行了宽恕法则,都会觉得心神振奋,心灵得到了升华。

宽恕,能使自己保持一种恬淡、安静的心态。生活不可能总是春光明媚,花香烂漫,天色常蓝,事事如愿。生活有如梦如幻的精彩,也有很多无奈。因而要成为一个生活的强者,就应豁达大度,笑对人生。有时一个行为,一个微笑、一句幽默,就能化解人与人之间的怨恨和矛盾。

魔力悄悄话

宽恕了别人,等于是在善待自己。它能使自己的生活变得轻松而快乐,经历过风风雨雨,才能领悟到人生的苦和乐、爱与恨,才知道人生中应该忘记什么,原谅什么,放弃什么,学会什么。

宽恕让生命空间更广

宽恕,是一种海纳百川的胸襟,是一种吞吐万物的气量,是一个强力的方法,能够立刻将人从痛苦和愤怒的低振动频率,转换到爱和幸福的高振动频率。宽恕更是一剂良药,能让人纯净、轻松和自由,让人获得更广阔的生命空间。

当你学会宽恕,你便是真正领悟了生命的内涵,便能站到比别人更高的位置,看问题和处理问题也会比别人更加透彻和有效。

大学毕业后,小王到一家知名大企业——A 电器公司竞聘。他凭借过硬的知识、优美的文笔和流利的口才一路过关斩将,顺利地进入老总亲自面试的最后一关。

小王不禁喜形于色,仿佛看见自己梦寐以求的销售部经理一职正迎面扑来。

面试当天,他和另一位同样出色的闯关者准时而至。老总简单与他们寒暄几句,突兀地说:"经过考核,我们已经深刻地了解到,你们两个人都很出色。

"现在有消息说,有人向消协投诉了我们的一个强有力的对手——B 电器公司。由于他们公司产品的质量不合格而引起一桩恶性事故,造成了严重损失和恶劣影响。

"如果你们作为本公司销售部经理对此有什么举措呢? 10 分钟后,我将单独听听你们的想法。"

10 分钟后,小王先被叫到了老总所在的房间。

他稍微一顿,然后特别自信地回复老总:"总经理,您好。我是这样认为的：企业的生命力和动力在于竞争中立于不败之地。B电器公司出现的事故说明他们的质量、管理及销售方面出现了纰漏，而这正好能显示出我们公司产品的优势。我想，机不可失，作为销售部的经理，必须抓住机遇，稳定原有电器产量的同时，加大力度，大面积地宣传自己的品牌，然后将生产与销售提高一个台阶！"

看着老总频频点头，小王继续说道："B电器公司的事故可以说给了我们难得的契机，我们完全可以在此基础上踩着他们的肩膀铿锵而上！"说完，小王自信地坐下。老总很高兴地站起身走到他身边，拍拍他的肩膀，微笑着说："好的。你现在就可以回去静候音讯。我们会在第一时间通知您结果的。"

几天后，公司的通知书果然如期而至。小王迫不及待、满怀信心地打开，只见上面十分清楚地写着："王先生，你好！十分感谢你通过了我们的初试并参加了最后的面试。

你面试的回答充满了激情和睿智，但经过我们认真的研究，不得不遗憾地告诉你，我们不能录用你。

其实，被投诉的公司并不是B电器公司，而恰恰是我们A电器公司。我们想，一个优秀的企业销售部经理，必须眼光长远，目光短浅、只顾及眼前的一点利益乃经营大忌。对竞争对手宽恕、关怀一点才是明智之举。当企业的某一竞争品牌发生不名誉的事件时，如果不迅速解决，将会波及至整个产业。

这次事件，B电器公司的反应是：他们立刻赶在我们之前向消费者道了歉！同时保证他们B电器精益求精，服务周到！B电器公司此举正是温柔的杀手。

他们的宽恕使其瞬间内抢占了我们很大一部分市场！市场竞争法则就是这样残酷！所以，王先生，实在对不起，请你另谋高就吧。"

宽恕，是胸襟博大者为人处世的一种人生态度。懂得宽恕才不会对自私、虚伪、嫉妒、狂傲感到失望，才会用宏大的气量去感受那"一笑泯恩仇"的快乐。

智者也总会用宽恕这把智慧之剑去斩断"冤冤相报"这扯不完的长线。

宽恕是支点,更是生命线。胸襟和教养决定了宽恕的方式和程度。宽恕会带给我们收获和体悟,宽恕中包含着人生的大道至理。没有宽恕的生活,如在刀锋上行走。

宽恕,还是一种品性,一种能力。宽恕,需要学习,需要磨砺,需要一点一点培养。

魔力悄悄话

生活中,我们必须愿意宽恕给自己带来痛苦的那些人或者境遇。如果一味抱着旧有的消极思想和情感,只能伤害你自己,吸引更多的消极能量。更形象地说,当你不愿意宽恕某个人或某件事的时候,就好比是自杀式袭击,不仅会伤害他人,还会危及自己。

第二章 心宽快乐多

宽容不是为了别人，自己心宽了也会快乐很多。宽容是一种资源。

我们在宽容别人的同时，也在为自己营造着良好的生存和有利的发展氛围。宽容能使敌对的、消极的、紧张的、不利的因素转化为友善的、积极的、和谐的、有利的因素，让我们的天地更加广阔，道路更加平坦，前景更加美好。

后退，不是妥协，不是失去。

每一次后退，都是为了更好的前进，每一次的开始，都是新的希望的诞生。

后退也会花开不败

还记得小时候吗,在和父母玩跳棋的时候,我们扮演的都是勇往直前不愿后退的棋手。因为不谙世事,我们一门心思向前冲,认为下棋就应该直指胜利不容回头。结果后来,父母的棋子拱出营地,占领了前线,闯进我们的阵地,获得了胜利。而我们,因为不懂得后退,最后节节溃败。

因为,后退是一种智慧,而后退一步的人生,将注定花开不败。

生活里懂得后退的人,必能获得幸福的体验。

有一位男人是一个外企的经理,拿着十万元的年薪,可是最近他居然辞掉了自己的工作,回家重新学习,准备考试,说要拿下计算机的等级考试。朋友们都很惊讶,说他放着优越的生活不过,回家从头开始实在不值。可他的想法却不一样,他说现在竞争太激烈,行业的发展都很快,如果不赶紧学一些自己还不懂的东西,那么将来就有可能面临身价的贬值。如今信息发展的步伐快得惊人,所以更要努力提高自己,让自己从头学起。很多人都佩服他的勇气,为了更好地进步,他可以果断地退回到最初的起步阶段。

这种退后的精神,实在是一种人生的智慧!

其实,上面的故事,讲的是一种外部空间的退后,有时候,内心的进与退比实际行动更困难。很多人觉得人生就应该不断向前,笃信"逆水行舟,不进则退"的真理,他们屏气凝神,盯着前方,争分夺秒,生怕自己比别人有丝毫的后退,结果却不一定能达成内心的期望。

经历过后才知道,做人应当进则进,当退则退。只要心里还有目标和前进的方向，那么适当的后退是一种心灵的修养，可以在养精蓄锐之际获得一种无法想象的重生。

有一个人，接到了来自朋友的一份电子邮件。打开后，发现画面很杂乱，也很模糊，各种不同走向的条纹错综复杂地交错在一起，密密匝匝，完全无法看清真实的内容。他不知道是什么，于是叫身边的同事过去帮忙，同事认真地看了看，也参不透里面的玄机来。正当此人打算抬手删除时，忽然发现邮件的旁边有一行字：退后一步，即可看出玄机。

他心里很是疑惑，心想距离这么近都看不清楚，再退后一步，岂不是看起来更模糊了吗？旁边的同事看了说："是不是有人在恶搞啊？不会是病毒吧？"此人听后，心里也产生了疑虑，想起自己昨天与朋友发生了不愉快的争吵，还差点大打出手，难道真的是朋友打算用病毒软件来报复自己吗？

不过，他还是没有删除邮件，因为他相信朋友应该不会这样做。他想我何不退后看看，就算上当了也无所谓，能退后看清一个朋友，也值了。立刻，他站起来，向后大大地退了一步……

慢慢地，他终于看清楚了，原来，画面上是赫然的几个大字——"对不起，原谅我"。原来，朋友是在用这样的方式向他道歉。

这样一份特别的邮件，传达了朋友间珍贵的情意。要知道，在这刻意精心的背后，引出了人与人之间"后退"的哲学。茫茫人海中，彼此能够成为朋友是一种缘分，如果因为误解而生生地将情意折断，实在是一种遗憾。只要将误会的脚步停住，放开怨恨，然后再退上一步，就可以消除隔阂。而这种后退的态度，是人与人彼此之间的信任和理解。"退一步海阔天空"，这个道理谁都知道，但是能做到的却很少。两个人的后退，就可以赢得一场缘分的继续，这是故事告诉我们的真理。

曾经听说过一种风俗，以前在某个部落生活的原始人，他们的年龄是倒着计算的。一生下来的年龄是六十岁，然后过去一年就倒退一岁。按这个算法，五十多岁的人都是小孩子，而七八岁的就算是步入老年了，能够活到一岁的可就是高寿了。但如果有人六十年后还活着，那就可以再加十年,这时就要从十岁算起,等于他又后退一次,重新开始。

很佩服这个部落的智慧,能让人生在后退中度过,实在是充满了无限的恬淡和从容之美。当过完之前定好的六十年,一切又重新归零。接下来的岁月,是上帝意外赐予的,是额外赚到的,于是更是充满了无限感恩和幸福。他们的后退精神,为自己赢得了一生快乐的开始。

弗兰克尔说过:"在人生的境遇中,人们还有一种权利,就是改变自己的进退。"也许,我们不可能真的像故事中的人们一样用倒计时来记录年龄,可是当在人生的前进道路上身心疲倦时,后退一下,给自己一个缓冲的幅度,转换一下前进的方式,反而可以将自己的需要看得更加清楚。当生活堆积如麻,让人迷惑不清的时候,后退一下,为自己转换一个精彩的出口,才能重新认知生活的美好。

魔力悄悄话

运动会上的跳远运动员,他的经典准备动作是一步一步向后退,然后慢慢助跑,再高高起跳,向前跃出。他后退的每一步里都在酝酿着更强大的力量,只有后退,他才会跳得更远。有时候,人应该学会这样的弹性,该屈时屈,该伸时伸,因为只有承受住挤压才能更好地一跃而起。从这个意义上看,后退就是下一场胜利的预备期。

计较让你两败俱伤

生活中,我们总有一些时候会斤斤计较:心里不忘别人对自己的冒犯,与人交往生怕自己吃一点点亏,一旦发现别人对自己不友好,绝对不会就此罢休,非要整出个是非曲直来。有时候计较的目的好像只有两个:一个是自己得到了什么,还有就是自己失去了什么。可计较来计较去才发现,到最后自己并没有比别人多得,反而失去了很多快乐。

无谓的计较,是人性的缺点,更是一种不懂得后退的心态,它会让我们失去很多。一个快乐的人,不是因为他拥有的多,而是因为他计较得少。一个过于较真、不愿意退后的人,他就无法体验什么是"海阔天空"的人生境界。

一位美国的心灵学家做了一项研究,经过他多年的努力,终于找到事实来证明:那些遇事喜欢斤斤计较的人,都很难有幸福感,甚至会影响自身的生理及心理健康。爱计较的人常常因为陷入对琐事无谓的纠缠中而难以自拔,有时会引起一定程度的焦虑症。爱计较的人在生活中因为喜欢与人针锋相对,所以生活中总是分歧不断,内心充满了冲突。爱计较的人,心胸常有一种堵塞感,日积月累就是忧郁的开始。还有,太爱计较的人,心灵总是充满阴暗,他不懂得信任,事事设防,内心很难有阳光的一面。所以,爱计较的人身心都很难获得健康!

心理学家的这一结论,得到了很多人的一致肯定,他的这一著作曾经在近五十多个国家出版,唤醒了很多人内心的宽容和智慧。

据说,这位心理学家声称自己曾经是一个喜欢斤斤计较的人,也是因为这样的不良心态,他年轻时经常生病,心理承受能力也很差。后来,看着自己一团糟的生活,他终于醒悟了,渐渐打开自己的心胸,试着学习"后退"

的人生哲学。同时,他也决定进行对"斤斤计较者"的探究,经过观察,得出了上面惊人的结论。

人总是要在社会群体中生活,那就一定会接触到不同的人、不同的事,有时还可能会遇到一些不太公平的事情,于是,一些误会也就产生了。人们常说:"凡事不能不认真,凡事不能太认真。"一件事情是否该值得计较,要视具体情况而定。其实,很多时候,面对一些不影响大局的小错误,还是退后一步比较好,因为无谓的计较,只会弄得两败俱伤。

退后不计较的人,不会只盯着别人的缺陷,埋怨别人,他们懂得及时发现自己的缺陷,并积极调整自己的方式。

退一步,就是碧海蓝天;退一步,就是不同的世界。换个思维想一想,很多事情就都迎刃而解了。

学会不计较,我们的生活将会轻松许多。

所以,做人不要太计较,不妨试着改变自己的处事方式和观念,努力放下成见,喜欢你周围的每一个人,你就会赢得别人的好感,这是获得良好人际关系的开始。一开始在试着放下计较的时候,可能会很难,因为心里那股不甘愿的劲头还在暗暗作祟,心里的防线还是无法攻破,这时,最好的办法是试着去寻找对方的优点,并将他的优点扩大化,慢慢地就会形成一种习惯。在这个习惯的指引下,当你看到一个人时,就会先去关注他的优点,只看他的身上闪光点,慢慢你就会变得不再计较。

一个不计较别人过失的人,一定是个宽容豁达,乐观正直的人。理解原谅别人的同时,也会让自己的心灵得到慰藉,你会发现自己的心态越来越阳光,幸福的感觉越来越浓烈,与别人的交往也越来越融洽。很多时候,好性格就是这样培养出来的。

中国有句古话,叫作:"做人留一线,日后好相见"!这也就是说,退后不计较的心态,看似善待了别人,其实是善待了自己。

那么,当你是一位上司的时候,不要只盯着下属的缺点不放手,不妨多看看他们的优势,才能更好地发挥他们的才能;更要好好地约束自己,以身作则,这样才能让下属心服口服。

当你是一位家长的时候,不要去计较孩子们因为年幼无心犯下的错,给他们一个可以自由发挥的空间，哪怕是闯一些祸也无所谓，毕竟成长的机会只有一次。很多时候，退后一步想一想，指责孩子，不如约束自己，因为，我们都知道，父母是孩子最好的老师。

当你是一位爱人的时候，不要总是苛责对方对你的关怀不够，谁都没有义务一定要对谁好。你应该首先去关爱对方，尽到自己应尽的家庭责任，对方自然会以礼还礼。你希望别人怎样对你，你也应该怎样去对别人！当你是一位同事或者朋友的时候，你要先放下对他们的计较，别总是要求别人对你"先舍后得"，只要你先做到了，别人就会做到；只要你为别人让出一条路，别人自然也会为你让出一条路。

当你是一位与人萍水相逢擦肩而过的过客的时候，你是否做到了主动去善待别人，理解别人，帮助别人，是否会原谅别人不经意间犯下的错。只要你做到了，你就能获得幸福。

如果，你的生命中有了这份不去斤斤计较的心，那么，你的人生就会每时每刻洒满快乐的阳光，有阳光的世界总是美好的，不是吗？

人生真的不需要计较，只要放下它，抬眼望去，定是一片春暖花开的胜景！

魔力悄悄话

人们常说："凡事不能不认真，凡事不能太认真。"一件事情是否该值得计较，要视具体情况而定。其实，很多时候，面对一些不影响大局的小错误，还是退后一步比较好，因为无谓的计较，只会弄得两败俱伤。退一步，就是碧海蓝天；退一步，就是不同的世界，换个思维想一想，很多事情就都迎刃而解了。

转念遇见最美

转念是什么?

转念是漫漫长路跋涉中峰回路转的一个瞬间;转念是山重水复疑无路后柳暗花明又一村的一份激动;转念是百转千回无以释怀后豁然开朗的一个恍然。

转念,其实就是一种最美丽的退后!

某家突然有客而至,父亲便叫儿子出去置备宴客用的东西。儿子出去后久久未归,父亲心急如焚,就急匆匆地出去打算看个究竟。没想到的是,原来儿子在桥上迎面遇到一个人,两人都急着过桥,但谁都不肯让一步,于是两个人面对面地对峙在桥中间,大眼瞪小眼,双手叉腰,互相谩骂指责,谁也不肯退让。父亲看到此景,很生气,叫儿子回家陪客人,自己竟接替儿子站在桥上,继续与那人对峙。

如此僵持下去,结局可想而知,桥上的两个人谁都过不去。生活中还有许多事情也是这样,如果每每我们能在针锋相对时转念想一想:一个巴掌拍不响,很多争执,都是因为彼此的过失造成的,继而能够各自检讨一下自己的过失在哪里,适度采取一些后退的姿态,以谦让宽容的方式向前,就一定会化干戈为玉帛了。若能如此,世界之路一定可以变得更为宽广,我们的行为处事也一定会更加畅通无碍。

这个小故事也折射出了我们的人生,人生如果都能在"转念一想"之后退让几分,幸福也就不再是一句空谈了。

"转念一想",可以让我们的生活"留得青山在,不怕没柴烧","转念一想"之后,生活留给我们的也一定是"退一步海阔天空"的美妙心情。韩信"受胯下辱"的故事每个人都知道:面对淮阴少年"信能死,刺我;不能死,出我胯下"的挑衅,如果韩信没有在这一对峙的关键时刻"转念一想"、主动从"挑衅者"的胯下钻过去,而是拔剑相向,或许他会因为一时鲁莽而锒铛入狱,也不能有后来的名垂青史了。

清康熙年间,安徽桐城有张、吴两家为邻,吴家在建新房时,想超越中间通道,也就是想多占点公用面积。张家不满意了,说这怎么行呢,你这一占,人都没法行走了。

一家要占,一家不让占,便发生纠纷。张家因此飞书京城,向时任礼部尚书的家人张英求助。张英阅罢家书,提笔回复道:"千里修书只为墙,让他三尺又何妨?长城万里今犹在,不见当年秦始皇。"张家收到回信后,深感愧疚,于是让出三尺宅基地。而吴家见状,深受感动,也效仿张家向后退了三尺……

如果故事中的邻里两家一直剑拔弩张、彼此谁都不肯相让,其结果一定是针锋相对,两败俱伤。正是因为一方的"转念一想"、主动退让,才有了后来相互谦让、握手言和的完美结局,以及这流芳百世的一段佳话。

在我们的生活中,经常会看到夫妻之间、朋友之间、同事之间,往往因为一点不值一提的琐碎小事而闹得不可开交,甚至矛盾激化、势不两立,这是多么的不值得!如果有一方能够"转念一想",相信局面一定会发生翻天覆地的变化。

有这样一个女人,结婚后和婆婆的关系不太融洽。每次回婆家后,都会因为和婆婆之间的矛盾,而满怀怨恨。

后来,她换个角度重新审视这件事情,希望能从另一个角度看到婆婆的好。正当她在思索的时候,发现丈夫在认真地给家里的花草浇水。由此,她忽然感悟到,丈夫这种勤奋能干和为人的善良,都离不开婆婆的教育,是婆婆教子有方的功劳。想到这儿,婆婆的形象立刻在自己的心里变得好了起来。后来，她和婆婆的关系有了很大的改善。

"转念一想"，就是这样一种神奇的效果。它其实是一种退后的方法，让人们换一个视角看待事物，不计较，不较真，豁达宽容，永远虚怀若谷，用更好的方法为人处世。

试着用"转念一想"的思维方式来经营你的人生吧，如此一来，你会变得更加幸福快乐。

转念一想，是一种理性的心态。"转念"之中有智慧，事物本身就是变幻莫测的，对于突如其来的事情，转念想上一想，思维就有了新的方向，认识也有了新的感悟，不钻牛角尖，也不轻易妥协，这是一种智慧的力量。

"转念一想"无论对人，还是对事，都是一样的道理！

比如，我们早晨在赶往公司上班的路上，走到半路，忽然下起了倾盆大雨，有人会抱怨天气变化太快，怎么遇到了这样倒霉的天气，让人一早上快乐的心情都降到了冰点；可如果这时能转念一想，下雨也是一件很美的事情，能够边赏雨边聆听雨打芭蕉的天籁之声，不也是一种享受吗？

再比如，结婚纪念日，妻子下班后做了一桌子的美食，打算晚上和丈夫浪漫一番。

可是就在他们将红酒倒进高脚杯，注视着对方的眼睛，在眼神里交流着对彼此的情感时，忽然停电了，这时，他们也许会觉得怎么这么倒霉，原本一场浪漫的结婚纪念日，竟然被停电搅扰了，实在是很郁闷；可是如果转念一想：真好，刚好可以点上蜡烛，来一顿更加浪漫的烛光晚餐。

翻手为云，覆手为雨。面对同样的事情和境遇，不同的心境会感受到不同的风景。转念一想之间，一切都不一样了！

是的，我们应该给生活一个"转念"的机会。转念之间，退后一步，失败就是成功的开始，跌倒就是前进的起点，悲伤就是幸福的转折，不幸就是幸运的前奏……

雨声亦作音乐听，黄连可当蜜糖品。转念一想，我们可以将生活化苦为甜，变恨为爱，让烦变喜，让不幸变得幸运，让失望变成希望。从某种意义上讲，这是一种生活方式的灵动，也是心境变换后的收获。

宽容——宰相肚里能撑船

生活很多时候就是这样：坚持向前，也许什么都找不到，转念一想，却可能收获意外的惊喜。

所以，学会"转念一想"吧，在你烦恼的时候，在你面对痛苦抉择的时候，在你心生怨恨的时候，"转念一想"，不仅会改变你的心情，还可能使你走出困境、走向幸福，让你更好地享受人生。

魔力悄悄话

转念一想，是一种理性的心态。"转念"之中有智慧，事物本身就是变幻莫测的，对于突如其来的事情，转念想上一想，思维就有了新的方向，认识也有了新的感悟，不钻牛角尖，也不轻易妥协，这是一种智慧的力量。因为，转念之间，退后一步，失败就是成功的开始，跌倒就是前进的起点，悲伤就是幸福的转折，不幸就是幸运的前奏……

妥协不等于认输

人活着,如果能够永不妥协,实在是一件好事。但生活又让人们懂得:永不妥协是不可能的。

在世界万物中,处处都是妥协的影子:植物要向阳光妥协,为了汲取阳光的照耀,植物总是向着阳光的方向生长;河流要向大海妥协,回应海的召唤,曲折蜿蜒地汇入大海。这些都是一种生存的妥协。

生活中的我们也要学会妥协,有妥协才有和睦。妥协是一种生活的本质,人与人妥协,彼此的日子才能在退让中弥漫宽容的味道;人对自然妥协,才能停下我们无休止掠夺的脚步而让美景永驻。

我们常说,不能改变事实,就要学会改变心情,其实这是让自己的心态向客观条件妥协,或者说是自己的思维向这一段境遇的妥协。

妥协意味着生活的一种退让,有时,在妥协中退一步,是为了让自己过得更好!

曾看过一则报道:美国的一位登山运动员,一直以来的梦想就是登上珠穆朗玛峰。

精心准备了多年之后,他不远万里来到了珠峰的脚下,准备爬上顶峰,实现自己的梦想。就在他爬到七千米时,山上突然出现了浓雾,天气状况非常不好。

当时如果他坚持继续向上爬,还是可以的,因为他体力依然充沛,完全能爬上去,但他却选择了妥协、退步。

人们得知后,都为他惋惜,他却说,在危险和生命之间,我只能向危险妥协,选择生命,因为保留生命,以后还有机会攀登珠峰,没了生命,一切都没有了。

妥协是人在生活中必须学会的一种本领和能力。有了这种能力，才能保证自己更好地生存下去。

适当的时候，妥协是必要的，是给自己，也是给他人留有余地。无论是与人还是与事共处，都需要余地，就像车与车之间的距离一样，是为了更好的缓冲。

妥协，就是要强迫自己接受那些不愿意接受，又不得不接受的事情，不管自己是否喜欢，人都要在适当的时候学会妥协。

善于妥协，不仅是一种智慧，而且是一种修养。能够妥协，意味着对彼此的尊重，意味给自己一条退路，也给对方一条退路。在宣扬自我意识的现代生活中，人与人之间就更需要用妥协来做情感的纽带，使彼此的生活中多出一份融洽与和谐。

生活的道路千条万条，你我难免会有交点，因此也难免会有磕绊。一次在某个电视节目中，听演员宋丹丹大谈夫妻相处之道时说："相处最重要的秘诀就是妥协，你不妥协，不宽容，大家谁都过不上幸福的生活，要想过好日子，彼此理解，妥协是极其重要的，有妥协才会有快乐。"

确实，一对好不容易走到一起的夫妻，妻子乐于读书，先生却喜爱社交；妻子热衷购物，先生却是棋迷，这再正常不过。如果不肯对彼此的爱好妥协，缺乏谅解，非要将自己的喜好强加于对方，势必伤害感情，激起矛盾，最终感情破裂。

可是有时候，在许多人的眼中，妥协是软弱和没主见的表现，似乎只有坚持不妥协，方能显示出大英雄的气度。但是，这种极端的思维方式，实际上是将人与人之间的关系定格于征服和被征服的关系，没有丝毫可以让步的余地。

某男性情豪爽，我行我素。下岗后心情一直不太好，于是常常与朋友出去喝酒，借以发泄情绪，酒后偶尔也会稀里糊涂地弄出点事来。

一日，酒后，半醉半醒的他与朋友开车回家，因酒后驾驶，与前面行驶的车辆发生了剐蹭。责任自然在他们,对方要求他们给予赔偿,本来心情不好的他,又仗着人多势众,竟然动手打了对方。事情闹大了,对方报了警,警车呼啸而至,没想到,他步步不肯退让,居然和警察对峙了起来,后来还给了警察几拳,撕破了警察的衣服。

到此为止,事情已经闹大了,他以酒后驾驶和袭警的罪名,被带到了派出所,可这时的他还不肯妥协,居然给朋友们打电话,找来了好几个人,在派出所门前一站,颇有示威的架势。

事情闹得更严重了,惊动了刑警,于是,他被直接关押在看守所。后来,检察院以袭警罪名提起公诉,他也将等待接受法律的制裁!

其实,妥协并不意味着软弱、放弃自我、一味地让步。最重要的,是要弄清楚什么是明智的妥协,什么是不明智的妥协。明智的妥协是一种理智的退后,为了缓解事态的发展,达到自己的目标,可以在不丧失原则的情况下作适当的让步。这种妥协,并不是以放弃原则为代价的,而是以退为进,通过理性的缓冲来确保想要的结果的实现。相反,不明智的妥协,就是缺乏理性的思考和适当的权衡,或是干脆放弃了自己的原则,作出没有立场的让步。

妥协是要有一定分寸的。但一个自始至终都不肯妥协的人,终究是无法融入社会群体的,除非你愿意一辈子独处。妥协的分寸如果拿捏适度,一切问题都会迎刃而解。

理性的妥协就是一种最好的分寸。理性的妥协并不等于无主见、迂腐和世俗,并非弃自我而不顾,避现实而不想,处危机而逃避,毫无应对意识和责任感,也不是随波逐流。在一些大问题上,比如正确地对待工作、客观地处理生活问题、改变有害身心健康的不良嗜好等方面,就没法对无理的要求作出妥协和让步。不过就算是遇到不能妥协的大问题,那也要冷静处理,晓之以理、动之以情、耐心地劝慰,尽可能用友好的方式取得共识,使问题得到良好的解决。

生活中的事,常常就是这样说不清道不明,也会有很多不尽如人意的地方,但为了营造一份快乐的心情,为了生活中充满微笑,为了让人生的航程轻松自由,你不妨多一些理性的妥协。

妥协是一门深刻的艺术,就像是在两个不同的数字之间寻找一个公约数。一个会做人的人,能为自己的生活创造一份和谐的美感。理性的妥协是消除矛盾、美化生存环境的一种健康的心态,更是获得幸福人生的一种良好心智。

魔力悄悄话

妥协是人在生活中必须学会的一种本领和能力,有了这种能力,才能保证自己更好地生存下去。妥协并不意味着软弱、放弃自我、一味地让步。妥协,分为明智的妥协和不明智的妥协。明智的妥协是一种理智的退后,为了缓解事态的发展,达到自己的目标,可以在不丧失原则的情况下作适当的让步。这种妥协,并不是以放弃原则为代价的,而是以退为进,通过理性的缓冲来确保想要的结果的实现。

低头也是一种风度

看过一篇文章,叫《低头就有路》,大意是说企鹅们为了争夺鹅卵石而经常发生矛盾,到最后甚至大打出手,引起无数只企鹅集体群殴的场面。在这样一场可怕的混战中,企鹅们谁都不肯让步,恨不得立刻将对方置于死地。

有趣的是,在激烈争夺的海滩上,有一只企鹅妈妈要急着回家看自己的孩子,它低着头不顾一切地向家的方向奔跑,企鹅们见状并不拦阻它,而且还纷纷让出一条路来,让它顺利通过。原来,在企鹅族群中有一个规定,那就是绝对不向低头的同类示威挑战。

企鹅中的"低头"之道,其实和人类中的"退一步海阔天空"有着惊人的相似之处。

歌德是德国知名的诗人,有一次他外出散步,迎面走来了一个人,此人是当时文坛的批评家,他很不喜欢歌德的作品,曾对他的作品提出过很多不太友好的批评。

这个批评家挑衅地站在歌德对面,轻蔑地说:"我绝对不会给一个愚蠢的人让路!"歌德马上说:"我正相反!"一边说着,一边绅士般微笑着让在一旁。

歌德的适度低头,在这时实在是一种智慧,既避免了一场无聊的争执,同时也给自己营造了一份好心情。

从某种意义上说,它是将自己救出了尴尬的境地,给自己一个台阶下,同时又表明了自己宽广的胸怀。

抬头是一种向上的清高,低头则是一种顺势而为的智慧;同样,进是人生的一种动力,退则是人生的一种魄力。

在现实生活中，努力着坚持自己无疑是一种大家都需要的精神。然而，人生的形态多种多样，既需要有不低头的劲头，也需要"有退有守"的迂回。

许多时候，人们都以为抬着头做人就一定是正确的，可是，有句话说了，"人在世间走，哪能不低头"，在一些不得不低头的情境面前，我们只能顺势而为，如果我们与之抗衡，结果可想而知。但是，如果每个人都能做到不争一时之高低，在必要的时候，低下头，退一步，避开争端，这才是一种真正的风度。

有人问苏格拉底：听说你是世界上最聪明的人，那么你知道天与地之间的距离到底是多少吗？苏格拉底没有思索，脱口而出：三尺！人们听后大惑不解：不可能吧，我们的身高就有五尺，天地之间的距离如果只有三尺，那天岂不是要被捅破了？

苏格拉底接着说：所以，你们要知道，要想让自己长久地站立在天地之间，就要学会低头。

生活中，我们总会对那些"绝不示弱"的人心怀敬仰，以为他们实在是勇敢无比。但永远不知道不示弱的人，只能得一时之快，却很难获得长久的幸福感。

有一些人，他们懂得适度忍让，不强势，不较真，心境平和豁达，能放下一时恩怨，不计前嫌。

他们即使怀才不遇，也不会万念俱灰，因为心灵的宽厚，所以能轻松处之。这种人可能默默无闻，但能获得很平稳的踏实感和成就感。

《动物世界》里曾经说过，蜥蜴和恐龙是同一个种类，后来恐龙灭绝了，蜥蜴却幸得存活。这其中最重要的原因是，恐龙因为太过高大，不便低头保护自己，蜥蜴虽然小巧，却可以低着头隐藏自己，从而才存留了下来。

所以，示弱也是一种生存的智慧。可以避其锋芒，重整旗鼓，储备力量，这和古人所说的"韬光养晦"，是一个道理。得理不饶人是人人都会的，低头示弱，却不是谁都能做到的。但是如果你能做到，就一定可以换来不同的人生风景。

常有人心里不甘于妥协，以为迎着头赶上去就能看见成功的希望，直到因为抬着头看不见眼前的路,撞了南墙之后,才知道,不思改变地在老路上继续走下去,就永远看不到事情的转机。其实,人生贵在变通,如果这时你能调整一下自己的姿态,改变一下思考的方式,肯定会出现柳暗花明又一村的惊喜。

听说,某个河流生活着两种乌龟,一种很凶猛,不怕危险,对外来的侵袭表现得极其勇敢;一种是温和的,很会保护自己,看到敌人,就将头脚缩回去,只剩一个空壳,无论你怎么踩它,它都一动不动,一味装死。

经过岁月的冲刷,人们发现,那些凶猛的乌龟都消失了,成了濒危动物;而那些温和的乌龟,反而越来越多,遍布很多大大小小的河流间。

其实,这个事例证明了一件事情:越是好斗勇猛的,越容易在相互争战中失去生存的机会,不是被打死,就是被吃掉;而越是软弱温和的,越因为会适时地保护自己,而得以繁衍生息。

看过这样一个有趣的场景:一名彪形大汉和一个身体孱弱的老人,一起走过拥挤的马路,很多人都不愿意给这位大汉让路,甚至频频指责他没有公共道德;而对于那位孱弱的老人,却是万人相让,而且大家都觉得自己这是扶贫助弱的善举。

可见,弱与强,很明显地,有了不同的效果。弱,有时其实是一种强势;强,反而却变成了一种弱势。

其实,我们的生活又何尝不是如此呢?在喧嚣嘈杂的人生道路上,我们都在前行,如果不懂得低头,不仅看不清脚下路面的状况,更无法获取别人的帮助。

在各种利益关系错综交织的生活中,如果不会适度低头,总是桀骜不驯,心高气傲,则会让局面常常陷于对峙状态,从而出现一些不愉快的伤痕。

当然,低头并不是让我们失去自我,失去个性,抛弃原则,抛弃做人的原则。

低头,是一种张弛有度,进退自如的处事方式。最硬的黄金并不是极品,唯有能保持弹性和韧性的黄金才是好黄金。

所谓:能屈能伸,是智者所为。懂得低头,不是懦弱,是大智慧。它不

是胆怯的逃避,而是冷静的退后;不是无奈的迁就,而是理智的回旋;不是没原则的妥协,而是坚定的矗立。该低头时就低头,不仅无损利益,无伤形象,而且是一种儒雅的风度,可以让人生路上的荆棘变得不再锋利,并找到通向幸福彼岸的捷径。

所以,请学会并记住低头的姿态,这无疑是人生的一种高姿态。

魔力悄悄话

抬头是一种向上的清高,低头则是一种顺势而为的智慧;同样,进是人生的一种动力,退则是人生的一种魄力。示弱,是一种生存的智慧,可以避其锋芒,重整旗鼓,储备力量,这和古人所说的"韬光养晦",是一个道理。得理不饶人是人人都会的,低头示弱,却不是谁都能做到的,但是如果你能做到,就一定可以换来不同的人生风景。

人生难得糊涂

人有时会遇到一些很复杂的问题:当你看到别人比自己好,会心生嫉妒,说三道四。当你比别人强的时候,也会有人在背后对你施加舆论,这时的你在流言蜚语面前,会很气愤,极力为自己辩解。这样一来,自然会觉得自己活得很累!

其实你大可不必如此。你自己的事情,只有你自己知道,不管别人说什么,你只需"糊涂"待之,"走自己的路,让别人说去吧"。

其实无论别人说什么,不过是因为妒忌心理在作怪,进而希望通过攻击你来发泄自己的情绪。如果这时你能糊涂处之,不恼怒,也不争辩,或者干脆一笑置之,这样做,既可以避免无谓的冲突,也可以留给自己一片更加宽广的舞台。

听说美国总统威尔逊,小时候很笨,人们都喜欢和他开玩笑,甚至愚弄他。一次,他的一个同学将一美元和一美分的钱放在他的面前,想看看小威尔逊会选择哪一个。

没想到威尔逊想都没想就选择了一美分。那个同学看后哈哈大笑,"他脑子是不是有问题啊,放着一美元不要,却要一美分。"其他同学也纷纷嘲笑他,说他是个榆木脑袋,并将他的笑话传播开来。

人们都不相信小威尔逊真的这么傻,大家纷纷拿着钱来试他,看他到底是真傻还是假傻。

每次小威尔逊都会在一美元和一美分之间选择一美分。后来,整个学校传遍了这个笑话,大家都纷纷来愚弄他。

终于,他的老师找到了他,生气地问小威尔逊:"难道你连一美元和一美分都分不清吗?"

小威尔逊答道:"我当然能分清楚了,但是,我如果要一美元的话,就不会有那么多人拿钱来试我了,那么我就连一美分都赚不到了。"

老师听后恍然大悟。原来,他只是希望用装糊涂的方式来赚得更长远的利益。所以,他最后才有魄力成为美国总统。

装糊涂才是真的聪明。把自己的聪明深深地藏在难得糊涂之中,这样的人是跳出糊涂看明白,山外看山;是揣着聪明装糊涂,乐在其中。把世间一切当成舞台,让自己成为观众。这样的人,成功也是必然的。

有人曾问庄子,山中有株大树,因为长得笔直成为栋梁之材遭到了砍伐;

有一种鸟因为不会鸣叫而被宰杀烹食。

敢问老先生如何面对这样的难题?

庄子调侃说:"我将处于材与不材之间耳。"

庄子的"材与不材之间",就是一种聪明的"糊涂",是真聪明,是揣着聪明装糊涂,是一种避开遭"砍伐",又不至于"被宰杀烹食"的生存智慧!

"糊涂"不是真傻,不是愚昧,而是一种智慧,一种修养,一种气度。糊涂非但不是稀里糊涂,实际上是貌似糊涂实则聪明的智者。

正因什么事情在他眼里都清清楚楚,明明白白,看得很透彻,他便更懒得去理会和解释;因为如果太深究,不但会惹人烦,还会惹己烦,于是便装起糊涂,或干脆避而不谈。生活就是这样,太认真太计较,只会徒增烦恼,还是糊涂点好。

用"糊涂"方式处理问题,能给自己带来很多的好处,因为有时,"糊涂"就是给彼此最好的台阶。

比如:当领导在众人面前有一些不太明智的决策时,你可以先装"糊涂",不要在众人面前直言,是为了给他留面子,会后,你可以单独和他谈谈,领导不仅会觉得你是一个有责任心的人,而且还会觉得你很聪明、很有修养,并且愉快地接受你的意见。

假如你不会装糊涂,直接在别人面前指出领导的错误,领导可能会恼羞成怒,进而记恨你,你会将自己置于很尴尬的位置。所以,装糊涂的好处,是显而易见的!

"糊涂"是一种生活的技巧。一个人若经常为一些鸡毛蒜皮的小事而闹得耗费自己的心力,实在是一件得不偿失的事情。如果事事看得清楚,事事与人相争,得理不饶人,你会觉得自己活得很累,很难获得快乐的感觉。

明明听到一些让自己不太愉快的事情,你还装作不知道,依然对别人笑脸相迎,这不是一种软弱的表现,而是一种豁达坦然。"谁人背后无人说,谁人人前不说人",这些都是很正常的。人生本来苦短,与其将生命耗费在耿耿于怀中,不如投入到一些更有意义的事情中来,这样才能为自己营造更多幸福的机会。

"糊涂"的人,心情也会悦然几分。糊涂绝对有益于我们身心的健康。真的糊涂了,人就不会心猿意马,忐忑不安,所以说,糊涂能养心,减少人体的消耗。否则,"聋哑人长寿",这一事实也不会被人们认可了,这是因为听得少了、说得少了、心自然静了,心灵的宁静,可以让一个人免去很多的烦恼。所以说,装糊涂,少看烦心的事,少想不愉快的经历,能使人减少痛苦,从而更安静平稳地享受生命;同时思想上的轻松,也带来了心情的怡然。

其实"糊涂"一点,还能让人不至于思虑过重,以便集中精力干好自己应该干的事情。

人生看得太清楚,心的空间会被大量占据,人的生命需要呼吸,心灵也需要呼吸,但是一个事务太繁忙的人,会因为疲于应对,而忽视了心灵的自由,并失去感受幸福的空间。所以,一个人要是能做到凡事都糊涂一点、心里却保持清楚明白的境界,那么就有机会去笑看世间云舒云散,享受超然的快乐了。

"难得糊涂"不是什么事情都装糊涂。"糊涂"是有原则的,是在小事上"糊涂",是为了让自己获得更加坦荡快乐的"糊涂"。糊涂,不是玩世不恭的生活态度,不是麻木颓废、糊里糊涂的处事方式,否则只能使人失去生活的激情,失去奋斗的力量,失去乐观的心态,冷漠厌世,终日将自己囚禁在狭隘的心灵之中。每个人都有自己的处事方式,在自己原则的范围之内,有的事情可以用模糊的态度处理,但心一定如明镜般透亮,绝不糊涂。

雾里看花的朦胧之美,就是"糊涂"的真境界,是只可意会不可言传,尽在不言中的一种心灵悟语,而如何领悟,就在于你自己了。

"糊涂"是一门艺术,只有深谙其道的人,才可以潇洒走人生,无往而不胜。你学会"糊涂"了吗?

魔力悄悄话

"糊涂"不是真傻,不是愚昧,而是一种智慧,一种修养,一种气度。糊涂非但不是稀里糊涂,实际上是貌似糊涂实则聪明的智者。装糊涂才是真的聪明,把自己的聪明深深地藏在难得糊涂之中,这样的人是跳出糊涂看明白,山外看山;是揣着聪明装糊涂,乐在其中。把世间一切当成舞台,让自己成为观众。这样的人,成功也才是必然的。

至美人生在"朦胧"

人生的有些事情,不看到比看到好,看到却看不清楚,是最好。

一直以为看不清楚的东西才是最美的,达不到的彼岸才是最让人向往的。那种朦朦胧胧的感觉,因为看不清,所以才会有一份美好留在心里,也因为无法企及,所以才有了更多希冀去憧憬。

我们都知道,人类世界,原本就充满了很多无奈的竞争。为了让自己将生存的状态看得更清楚,以便蓄势勃发,于是,人们开始呼唤如何看清楚人生和世界,就像那英的歌中唱的一样:借我一双慧眼吧,让我把这世界看得清清楚楚、明明白白、真真切切……而最后,那些看清楚世间一切的人,却都喊着"众人皆醉我独醒"的口号,而大凡这些人,最终都看破了红尘,不是退隐山林,就是玩世间蒸发。

有人说,朦胧的人生,是马虎的人生,也是悲观的人生。岂不知真正的朦胧,是心态的朦胧,而不是心灵的蒙昧。心态的朦胧,只是一种了无牵绊的豁达,不是真的糊涂。这种朦胧带给人的是一种境界,一种将世间美好尽收眼底的境界。

有的人因为不该看清时看得太清,对身边一些不够完美的事情耿耿于怀,所以他们眼中只有"失意"的东西,正如罗丹说的一样,他们缺少一双发现美的眼睛。

朦胧者就不一样了,在他们眼中,事情不论是好是坏、是忧是愁,无形中都向"中庸"靠拢,所以,一个懂得用朦胧的眼光看世界的人,他绝不会被外界的世事变迁所惊扰。

有很多无法带来快乐的东西,你本意是不想看清它的,可无意中却看到了,于是心里会生出许多的烦躁和焦虑,让你不知所措。可是朦胧就不同了,所谓"眼不见心不烦",当你对那些不该看清的东西心怀模糊的时候,就没有什么可以打扰到你平静的心灵。比如,你眼睛近视了,还会对别人不怀好意的眼光心生不安吗?

人生的朦朦胧胧,是另一种美丽的形式,是悠然自得的心境,眼里看到的皆是人生美好的一面,而在心灵深处,对是非善恶却泾渭分明。

有这样一个故事:

一个满头华发的老人带着妻子去眼镜店,妻子是多年的老花眼,总是看不清东西。

店员很认真地为老太太挑了一副老花眼镜。她戴上后忽然感觉眼前豁然清晰,平时看不清楚的,现在也都看得清清楚楚了。老太太转回头看看丈夫,正要开口说什么,可她还是什么都没说,直接取下了眼镜,摇摇头说不买了。

店员很诧异,问道:怎么啦?是款式不合适吗?老太太说:不,挺好的,看得也很清晰,但我改变了主意,我突然觉得不需要了。

当两人出了眼镜店时,老人问妻子:你不是一直为看不清东西而烦恼吗?现在终于可以买到一副什么都能看清楚的眼镜,你为什么不买了呢?

老太太若有所思地说:我戴上眼镜后,确实看得很清楚。但是,我发现,透过清晰的眼镜,你突然变得老了很多,你的皱纹、你的眼袋,还有你的斑斑白发我都尽收眼底。

所以,我觉得还是不戴眼镜比较好,这样你在我的眼里,仍然可以像年轻时那么英俊。

很多时候,我们也会像故事中的老太太一样,为了看得更清楚,终于戴了一副眼镜,戴上之后发现,所有的东西在眼里都变得豁然清亮,可这时却又意外地发现:曾经眼中完美的东西,忽然变得满目疮痍,以往没有发现的生活瑕疵,也变得历历在目了。

于是,美好便在清晰中消失了。也有很多时候,当我们带上眼镜看清楚后,并不能像老太太一样干脆摘下这副眼镜,保持朦胧美的状态,而是执拗地戴着眼镜,就算眼中的风景毫无美感,也不愿摘下。

为什么,在许多不再年轻美丽的老人脸上,总有一种静谧安详的气息,他们已经不再期待彼岸花开的胜景,也不再渴望激烈的征战杀伐。他们的眼睛,已经视力模糊,很多东西在他们的眼里,都模糊了,于是心境也归于静谧。

就像大自然中最美的景色,是雾起时分的山野田地,那笼罩在浓雾迷茫中的感觉,像海上的帆船若隐若现;就像月色朦胧中的亭台小楼,影影绰绰,如飘逸的水墨画,似有若无,轻盈曼妙。

世界上许多东西,一旦揭去朦胧的轻纱,当所有的东西都坦露无遮拦的时候,美感也就随之荡然无存了。

人与人相处也是如此。

何必事事费心较劲,何必处处认真纠结,何必总被得失利益牵扯着去钩心斗角、势不两立或不共戴天。最无聊的事情,莫过于人世间由利害关系引发的各种纷争。

想要找回幸福的感觉,你唯一能做的,就是给自己一个朦胧的心态,朦胧之中看到真诚、理解和宽容,生活便如白雾缭绕、忽明忽暗的蓬莱仙境,拥有一种梦幻而神奇的意境。

朦胧之中看到的人和事,都像黎明时分暮霭重重的远山,烟气之中的村庄,若即若离,似有似无,没有利害的冲突,更没有无谓的残杀。

大自然因"朦胧"而产生出奇特的美感,人生也是如此。人与人之间留一份朦胧的距离感,留一份朦胧的神秘,不仅可以因此而避免许多无谓的纷争,还可因此为生活添加很多美丽的色彩。

那么,我们何不像那位老太太一样,懂得摘下眼镜。因为:人生的美丽,在于那种朦胧的感觉;人生的美丽,在于若隐若现之间。如果事事都要看个清晰、问个究竟,那么我们的形象也就不用再包装,我们的生活也就不需要隐私,我们的生活将不再幸福美好……

"酒饮微醉,花看半开"。

人生的精彩和魅力,就在于一种不明晰、不清楚、不透彻、不明了的半真实半幻觉之间。那种半是现实和残酷、半是理想和梦幻,就是使自己快乐的最大引力。所以,请在清晰的尽头停下来,回头感受一下,远方朦胧的意境美,你会找到幸福的注脚。

其实,朦胧本身,就是一种清晰。

心态的朦胧,只是一种了无牵绊的豁达,不是真的糊涂,这种朦胧带给人的是一种境界,一种将世间美好尽收眼底的境界。

魔力悄悄话

人生的朦胧,是心态的朦胧,而不是心灵的蒙昧。这种朦胧,是另一种美丽的形式,是悠然自得的心境,眼里看到的皆是人生美好的一面,而在心灵深处,对是非善恶却泾渭分明。因为朦胧本身,就是一种清晰!

让那些"小事"随风而去

在日常生活中,我们常常会发现身边有这样的人,他们在与人交往中,总爱小题大做,即过分在意一些意义不大的小事。不仅时常因为这些小事而使得别人难堪,也往往使得自己心境恶劣、心情沮丧。

生活本身就是一个群体行为,大家同住一个屋檐下,难免会有磕磕碰碰的时候,生活习惯的不同,也会导致彼此结下或大或小的心结。

常言道:"大事清楚,小事糊涂",这是调节生活矛盾最好的方式。意即对待原则性的问题要清楚明了;而对生活中那些无原则问题的小事,就没必要认真计较了。从心理学角度看,一个人能够将那些不好听的话或不喜欢的事,视而不见、听而不闻,即听、即看、即忘,这种小事糊涂的心态,不仅是生活的一种态度,亦是幸福快乐的秘诀之一。

如果非要睁大眼睛看东西,试图要看得清清楚楚,恐怕世上就没有一片净土了。人非圣贤,岂能无过,对待那些失误、缺陷、矛盾,不要吹毛求疵,不妨求大同存小异,保持一种糊涂的态度。如果一定坚持"明察秋毫",过分挑剔,连那些鸡毛蒜皮的小事都要辩个明白,论个输赢来,生活将会变得更加繁杂。很多能成大事的人,都是那些善于从大处着眼,不拘泥于琐碎小事的人。

威廉是一个牧场的牧人,养了很多羊。有一天,他的羊偷吃了附近一个农夫的庄稼,农夫一气之下将威廉的羊杀死了。按照当地的规矩,农夫应该将事情的真相告诉威廉,但是农夫没这样做。威廉知道后,很生气,决定带着家丁去找农夫理论。

来到农夫的家中时,农夫却不在家,农夫的妻子不知道是怎么回事,很热情地接待了他们。威廉发现，农夫的妻子看上很瘦弱，而且他们还有三个衣衫褴褛的孩子。

不久，农夫回来了，不知情的妻子告诉他说："他们是来看望你的。"本来想与农夫理论的威廉，忽然打消了心里的念头，他伸手拥抱了农夫。农夫不知道威廉的来意，便很热情地邀请他们共进晚餐。农夫是一个很憨厚的人，他笑着对威廉说："不好意思，家里没有太好的东西，本来应该给你们准备些牛肉，但是今天没有买到。吃饭时，威廉没有提及农夫杀羊的事，他只是看着活泼的孩子们在餐桌上快乐的笑容，并与这家人开心地聊着天，似乎忘记了自己来的本意。

饭后，因为天气比较恶劣，农夫极力留他们在家里过夜，于是威廉留了下来。第二天早上，他们与农夫共进早餐之后，就回去了。一路上，威廉还是对这件事闭口不提，那些家丁很好奇，忍不住问他："我们不明白，您为什么没有向农夫提杀羊的事情呢？"

威廉微笑着说："是啊，我一开始去的目的你们都知道，但是，后来看到他们热情的态度，我又转念一想，还是没必要追究的。你们知道吗？失去一只羊是小事，毕竟，羊以后还有机会可以获得，然而人与人之间的理解和情感，却并不是很容易得到。"

生活中，很多时候，我们都会为了小事而伤了和气、坏了心情，本以为较真之后会得到心灵的满足，可结果往往却带来了更加失落的心境。对人对物都是一样，只要学会用模糊的心态处理生活中的小事，就会像故事中的威廉一样，尽管失去了一只羊，却换得农夫一家人难得的人情味，这种经历，会让人更懂得生命中什么才是值得珍惜的。

而要真正做到小事不较真，不是件很容易的事，需要一种善解人意的思维方法。

例如，一个人总是抱怨单位的上司，说她整天沉着脸，一副难以沟通的样子。后来，经过同事的口才得知真实的情况：原来她的丈夫有了外遇，正在逼她离婚，而她上有瘫痪在床的父亲，下有尚未成年的孩子，这些事堆积在一起，难怪她整天愁眉不展。明白至此，这个人从此不再计较上司的态度了,而是想着如何去做好自己的工作,以此来安慰上司的心。

在公共场所,有时也会遇到一些不太友好的事情。这时,不必真的大动肝火,也不值得生气。与素不相识的人发生矛盾,有可能是因为各自的一些烦心事搅在一起,致使大家心情都不太好,于是行为失控。其实,只要对方没有做出有辱人格或侵犯自己的事情,大可不必计较。为一些小事,而跟别人较起真来,针锋相对,实在不值得。跟萍水相逢的人较真,绝对不是明智之举;跟见识浅薄的人较真,无疑是降低了自己的身份。

人生短暂而宝贵,有太多重要的事情需要去做,何必为这种令人不快的事情去浪费时间呢? 学会对小事"敷衍了事",目的就在于有更多的时间和精力去做一些有意义的事情,这样我们幸福的圈子就能无限扩大了。

所以,要学会忽略小事。必须明确,如果一个人对生活中发生的每件事,都要刨根问底,那实在是一种徒然,不仅破坏了生活的美好和诗意,还影响他了人与自己的心境。

生活的实践告诉我们,只有对生活中的一些小事模糊处理,才能真正品味到活着的乐趣,也才能集中心思去处理大事,进而创造更多的幸福,这样,其心境也会变得日渐舒畅起来。

魔力悄悄话

常言道:"大事清楚,小事糊涂",这就是调节生活矛盾最好的方式。意即对待原则性的问题要清楚明了,而对生活中那些无原则的小事,就没必要认真计较了。从心理学角度看,一个人能够将那些不好听的话或不喜欢的事,视而不见、听而不闻,即听、即看、即忘,这种小事糊涂的心态,不仅是生活的一种态度,亦是幸福快乐的秘诀之一。

人生可以偶尔装装傻

很多人看到标题之后都会在心里打个问号,难道"傻"也能成为一种智慧的生活方式吗?可反过来想想,如果能用这种方法处理大小事情,其处理的结果确与不装傻是截然不同的。

"装傻"并不是让人木木呆呆,忍气吞声,只是换一种方式,把生活中不该有的矛盾模糊处理。"装傻"可是幸福的独门秘诀:那种心如明镜却不点破的拈花微笑,是最高明的境界……

斤斤计较只能给予你一时的发泄;锋芒毕露只能满足你一刻的快感,但当你洋洋自得时也许无意中却制造了很多后患。因为,一个将聪明写在脸上的人,总是随时随地地想要在人前表现自己,张扬自我,而这样,却正好将他推到了风口浪尖之上。

《红楼梦》中的王熙凤便是"锋芒毕露"的典型人物。书中关于王熙凤如何聪明的描述有很多,诸如"心性又极深细,竟是个男人万不及一的""天下人都叫你算计了去"……

可是,就是王熙凤这样有心计的人物,在贾府的深宅大院中、在上上下下形形色色的人中,就算她一呼百应,算计尽各种人,到最后,她也无非是落得个"机关算尽太聪明,反误了卿卿性命"的下场。

试想,我们有谁比王熙凤更聪明?以王熙凤之精明尚且将自己弄得如此悲惨,我们又怎敢保证自己必能征服所有的人?必能时时处处游刃有余?无论是在什么年代,锋芒毕露的人一定会为自己带来潜伏的危机,结果也只能是被自己的聪明扎得遍体鳞伤。

刘艳是一个很要强的人,在工作中,她聪明能干,业绩总是遥遥领先,可就是不把周围同事放在眼里。

为了证明自己的能干，她总是乐于在领导面前努力表现自己。在她的心里，她觉得身边那些同事，一个也不及自己。

一次公司开会，经理让大家就一位同事做的方案说一说自己的想法和意见。当时，为了维护那位同事的面子，很多人都不愿意说。看到没有人能答，刘艳很得意，觉得那些同事思路没有自己清晰，于是她当众列举出了方案中的一些漏洞，并且说得有理有据。经理表扬了她，说她的建议很精准，避免了公司将来可能造成的损失。

刘艳听着上司的夸赞，很得意，心想："这些同事都不是我的对手，都没看出其中的漏洞？真是太没用了。"她那种扬扬自得的表情顿时引起了同事的反感。

这事之后，很多同事都渐渐不再愿意和她交往，大家像躲瘟疫似的纷纷远离她。尤其是，每次到了年终评先进的时候，总是没她的份；民意调查的时候，排名总是倒数第一；该升职的时候，也轮不着她。她觉得很难受，深陷四面楚歌中，不知道该怎么办……

刘艳的问题所在，就在于虽然聪明但过于自我。对于那个同事的方案的问题，未必其他同事就没有看出来，未必人家就不知道问题所在。只是大家懂得用"装傻"来维护别人的面子，而她却忽视了这一点。有主人翁意识是对的，一味装傻充愣顾忌人情而让公司蒙受损失的行为也不可取，但如果在提出意见和建议时能注意方式方法，委婉谦和，不以专家自居，平时再多注意与同事和睦相处，适度"装傻"，那么其结局也许会完美得多。聪明不是坏事，如果靠自己的聪明来显示别人的不足，就势必会引来别人的嫉恨。

她把自己的聪明，变成一把剑，抵在了自己的头上。

所以，为了保护自己、保护事业、保护婚姻，为了幸福，聪明的人不妨有时也变得傻一点，只要装装傻，可能一切就都不一样了。因为，**适度的"装傻"，既是一种智慧，又是一种境界。**

我们知道，现代生活，人们的生活压力越来越大，工作、家庭、亲友，每个人需要面对的东西都很多。如果不能以"装傻"的心态来面对人世间的林林总总，这样，势必会在背后得到很多流言蜚语，无形中也为自己增添了更多的压力。

也就是说，面对这么多零乱琐碎的事情和关系，只有适时的装傻，将过多的锋芒抵消掉，豁达大度地将问题化解，不该说的不说，才能将复杂的生活变得简单，并使自己的人生游刃有余。

可是，幸福来之不易，装傻也就不是一件简单的事情了。那么，到底该如何装傻呢？

人们常说，傻人有傻福，这个"傻人"要傻得有水平，比一般人更知晓如何把握时机和尺度：比如什么时候该聪明，什么事情该聪明；什么时候该傻一点，什么事情该傻一点，而且，如何傻才能傻得得体大方，这些问题，他都知道。这样的"傻人"，心里其实洞悉一切，只是不愿意说明，而是在心里将事态变动和自己的打算，都细细地度量和琢磨了一遍，并暗暗地想好了以后的对策，以及从容应对的方式。

这种"傻"，并不是愚拙呆滞、毫无谋略的那般简单无能。它是一种应对生活矛盾的技能，也是一种处理问题的态度，更是一种生存的智慧。与修养有关，与阅历有关，更与心态有关。

有时候装傻，只是为了避免尴尬的局面；有时候装傻，只是为了缓和事态，避免激化；有时候装傻，只是为了消除别人的戒备；有时候装傻，只是为了赢得别人的信任；有时候装傻，只是为了让自己的心态处于一种单纯的状态。

譬如说，当炫耀之心涌上心头时，装傻之后，便是海阔天空；当怒气直涌心头时，装傻之后，便是平心静气。也许，当你在幸福与不幸福间摆渡，找不到方向和目标时，偶尔装傻，就可以轻松地让你在波峰浪尖找到缓冲的港湾……

装傻还得有原则。我们要看场合，对于那些无谓的小事，可以忽略不计，宽容大度地装装傻，收敛起自己的锋芒，委婉地表现自己的聪明与强势；触到原则性的问题，不该忍让就绝不忍让，并且还要视情况作出有力的反击。

聪明如何？强势又如何？就像英国女王一样，她无疑是站在权力巅峰的人，可听说当她以女王的身份跟自己的丈夫说话时，照样被丈夫拒之千里之外；而当她放下强势，以妻子的身份平等地面对丈夫时，一切就不一样了。

有时装傻是为了更好的使用聪明，是一种缓兵之计。没有必要把所有的事情都弄得那么清楚、那么认真。就算你的眼睛揉不得一点沙子，可越是这样，到最后，越是无法得到一双明亮的眼睛……

"装傻"是一种境界，此乃聪明人所为。只有懂得装傻的人，才离幸福最近。

魔力悄悄话

"装傻"是一种境界，此乃聪明人所为。这个"傻人"要傻得有水平，比一般人更知晓如何把握时机和尺度：比如什么时候该聪明，什么事情该聪明；什么时候该傻一点，什么事情该傻一点，而且，如何傻才能傻得得体大方。这样的"傻人"，心里其实洞悉一切，只是不愿意说明，而是在心里将事态变动和自己的打算，都细细地度量和琢磨了一遍，并暗暗地想好了以后的对策，以及从容应对的方式。

第三章
以和为贵更幸福

　　宽容是一种思想的修养，是一种境界，是一种美德。宽容是原谅可容之言，饶恕可容之事，包涵可容之人。时时宽容，常常忍让，才会达到精神上的至高点，"一览众山小"才会宠辱不惊，心境安宁。有些人心理不平衡，完全是因为他们太爱竞争，使自己经常处于紧张状态。其实人之相处，应该以和为贵。

　　一个人的成功与别人的主观愿望完全是两回事，我们只是为了自己的快乐而生存，和谐的心态与环境，除了我们自己，或许再也没有人能够意识到它的价值。

和谐要恰到好处

"和""谐"二字连在一起的含义就是不同的人在一起却能相处愉快，统一圆满，不会因为人和人之间的区别而产生隔膜、矛盾、纷争和混乱。

寒冷的冬天到来了，一群豪猪挤在一起，相互用彼此的身体取暖，可是当它们彼此挨得太近时，就会被伙伴身体上的尖刺扎得鲜血淋漓，可如果它们彼此之间的距离太远了，又达不到彼此温暖对方的效果。如何找到一个既不会相互伤害，又能够感受到彼此的温暖的距离，这就成了豪猪们的哲学课题。

我们每一个人，正如同这群冬日里互相取暖的豪猪。

如果我们相互之间的距离太近，那么我们彼此不同的个性就会对我们的心理造成伤害，可如果我们过于疏远，那么我们又会因为过度的冷漠而变得面目可憎。

人与人之间，是否存在着一个能够让每一个当事人都感到恰到好处的距离呢？

对此，孔子告诉我们说：君子和而不同。

意思是说，品德高尚有修养的人们在一起，虽然各有各的主见，但是却能完美统一，互相印证。

所谓和谐，是指不同的东西有序地配合，各方面之间彼此不同，但又浑然一体，此之谓和谐。

在孔子的眼里，和谐是道德的一部分，而道德，是人和人之间的行为准则，单独一个人是不需要道德的，我们看看"仁"字的写法，是由两个"人"构成的，这就形象地给我们阐释了道德的定义。

因此，和谐是人和人在发生联系的时候所应具备的元素。

到了现代社会,和谐运用的范围更广了,已经远远超出了古人的概念。国家需要和谐,社会需要和谐,家庭需要和谐,每一个人在与他人交往的过程中也需要和谐,和谐在我们的日常生活中无处不在。

如鱼饮水暖自知

和谐事物的差异性,有差异才构成了世界,有差异才保证了我们人格的完整,但这种差异必须是群体能够接受的,不被别人接受的差异,为我们自己带来的只有负面的影响,是不足取的。

如果说,和谐就是不同事物的有序均衡组合,是一种美,那么,对于我们个人而言,和谐的人生就意味着在保持你的个性的前提下能够在群体合作之中游刃有余。

人类社会是一个合作的群体,所有的人,无论他的才华多么出众,智慧多么过人,他所有的努力和付出,都要在这个社会中体现出来,获得别人的承认,这样才会有价值。

卓越与不凡如果不在群体之中展现出来,就犹如绝世佳人藏于深闺之中,千呼万唤不出来,日子久了,人们就会将你淡忘,纵然你心有不甘还想抛头露面,但只怕时过境迁、人老珠黄。更有甚者,有许多人愤愤不平、满腹牢骚,自诩智慧非凡、能力超群,但一旦面临挑战,就好像泥菩萨落进水里,转瞬之间剥落金漆,打回原形,再也成不了气候。

所以,当我们提到一个人的价值的时候,说到卓越,说到优秀,都是与别人比较而言,而且这种评价是由群体做出的,任何人主观的想法,都必须得到群体的接受才能够获得承认。

如果我们要想在社会上获得和谐的人生,在这个社会上获得成功,那么我们必须要有一些完全属于自己的而且能够为群体所接受的东西。

这些东西是什么?

群体永远也不会接受褊狭与刻薄,宽厚的心态是我们取得群体认可的不二法门。这是因为群体也是由一个个的人所组成的,而每一个人都是不完美的,如果我们不接受别人的不完美,那么,别人也同样拒绝接受我们,因为我们也同样并不完美。

逃避是一种不成熟的表现,群体能够接受我们的只有勇敢与真诚,只会接受我们的光明磊落,不会接受我们内心阴暗的部分,这就需要我们时时提醒自己,不能任由人性中的黑暗部分将我们葬送。

对物质的过度贪婪欲望与占有,是最无法为群体所接受的,一个贪婪的人势必会不择手段,这就意味着有可能对别人造成伤害,这种伤害无论是心理上的还是现实中的,都应当是我们所要避免的。

群体是一个让每一个人展示自我的社会生活圈,在这个圈子里,任何有可能对别人造成负面性压抑的力量,如自大的人格、狂妄的语言、动辄对别人的无端指责、性格上的极端与另类、言行举止的轻浮与缺乏责任心,所有这些人性中的负面力量,都将对我们人生的和谐目标构成挑战。

所以我们说,和谐的人生就意味着成功,意味着无论是别人还是你自己,对你的人生评价更多的以认同为主。反之,如果一个人无法适应这个社会,无法与别人达成有效的合作并从合作中获取自己的人生资源,这样的人生,纵然他非要坚持说自己的人生是和谐的,别人也未必同意。

由此我们可以总结出和谐人生的定律与法则:

法则一:和谐的人生是成功的人生,得不到别人承认的人,终生与"和谐"二字相隔膜。

法则二:和谐的人生是对你个性的肯定,而非相反。初入社会的年轻人打磨掉身上的棱角,并非是失去自己的个性,仅仅是因为有些所谓的棱角过于自我,难免会对别人造成伤害。

法则三:和谐的人生标志着一个与群体的价值取向趋向一致的共性。如果一个人成为群体中引以为豪的骄傲,而非耻辱,这样的人生才是真正具有价值的。

在这里我们所提出的和谐的三个法则,它包括三个方面的内容:

第一是和谐的主体——群体或团队与我们自己,取消了其中的任何一个要素,和谐的意义都无从谈起。

第二是和谐事物的差异性,有差异才构成了世界,有差异才保证了我们人格的完整,但这种差异必须是群体能够接受的,不被别人接受的差异,为我们自己带来的只有负面的影响,是不足取的。

第三是和谐事物的共性,不管我们对自己的自我评价有多么高,但我们必须要明白一点,除非我们是能够为芸芸众生带来大利益的神,否则的话,我们就只能选择对别人尊重,而这就意味着我们必须要让群体接受我们,而不是任性地强迫着整个社会向我们屈服。

天有道,法自然。

魔力悄悄话

我们所有的人是联结在一起的整体,所有的人都必须要获得周边环境的接纳与承认,鲁滨孙的故事告诉我们人人都有一个独立而自由的梦想,但这个梦想,同样也需要我们在社会上的努力来实现。

寻找和谐的秘密

和谐的人生不会从天上掉下来,它是一个自我寻找的过程,只要你找到你自己的价值之所在,找到你人格中最有魅力的部分,那么,当你融入社会的时候,就会真切体验到鱼儿游在水中的感觉。

行有道,法和谐。对于人际关系而言,和谐是指人与人相处时的愉悦程度,有句话叫鱼水之欢,虽然现在这句话的意义已经演变为异性相处的理想状态,但最早从这种愉悦状态中获得人生收获的却是两个男人:三国的刘备和诸葛亮。

当时诸葛亮在隆中高卧,刘备在徐庶的介绍下,对诸葛亮充满了景仰,于是决定亲自前往隆中拜访诸葛亮。他一共去了三次,才见到了诸葛亮,这就是有名的"三顾茅庐"的典故。史载,刘备得到了诸葛亮之后,曾兴奋地对关羽和张飞说道:我如今得到了诸葛亮,正如同鱼儿得到了水一样。

这就是鱼水之欢的最早来历。

可以想象,"鱼水之欢"这四个字,在最初的时候只是用来表述两个合作者的心理状态,刘备在感受到了诸葛亮的才智的同时,更多的是感受到了诸葛亮的人格魅力,正是这种人格的力量让刘备从此对诸葛亮信任有加,甚至身死之后,还在白帝城托孤,将蜀国托付给诸葛亮照料打理,而诸葛亮终未负刘备之所望,鞠躬尽瘁,死而后已,六出祁山,身死军中,两人于是成了中国封建社会时代最为理想的一对君臣。

后代人再运用"鱼水之欢"的时候,总离不了一个"相偕甚欢"的进一步描述,这表明了人与人合作的最理想境界正是和谐,正是如鱼游水般的那种不可言述的合作快感。

对于这种合作最高境界中的"鱼水之欢",禅宗也有一个非常巧妙的诠释：

大海之中，一条鱼问另一条鱼：什么叫水？

另一条鱼回答：水就在你我的身边。

第一条鱼非常吃惊：水就在我们身边？那我怎么没有感觉到？

另一条鱼回答它：正是因为你没有感觉，才是水存在的最高境界，如果水刻意地想让你知道它的存在，那么你的烦恼就来了。

……

这就是和谐的真谛，以一种自然的方式与周围的环境融为一体，让身处其中的人都感受到轻松和快乐，而不是刻意强调自己的存在，这样才能带动别人愿意为你的目标而努力。

现如今是一个强调个性、强调创造性的时代，许多人所面临的一个共同困扰就是：一旦我们磨平自己的棱角，失去自己的个性，那么我们也就失去了自我，一个没有自我的人在现实中是无法成功的，更别说获得团队的接纳与人生的成功。

反之，当我们试图保持我们的个性时，这种个性又往往会与周围的环境不协调，直接导致了人际关系的冲突，在这两难的取舍中我们无所适从，我们到底应该怎么做，才能够在保持自己的个性的前提之下，获得群体的认可呢？

几年前，一个叫吴铭的12岁的男孩，随同父母移民到了美国，被送入了一所私立学校中学习，短暂的新鲜感觉很快就过去了，小吴铭很快就发现他陷入了一个与自己格格不入的社交环境之中，不要说在那些金发碧眼的小洋人眼中，他这个东方的孩子是多么古怪，单是语言上的隔膜，也让小吴铭承受着巨大的心理压力。

吴铭希望同学们能够接受自己，但是他的努力却只换来了那些孩子的嘲笑，那些孩子就像看待一个怪物那样审视着他，拿他取笑，故意戏弄他，还给他起了许多难听的绰号。

小吴铭沉默了，很少有人意识到，在孩子们的社会生活圈子之中，孩子们所承受的心理压力远超过成年人。

　　而对于小吴铭来说,最大的痛苦更多来源于他的父母,孩子的父母也一样面临着不被当地主流社会所认同的困难,根本就顾不上小吴铭,反而认为这个孩子怎么这么不懂事,净给大家添麻烦……小吴铭终于发现,人在社会上的生存,唯一所能依靠的只有自己。

　　那么,小吴铭又如何解决甚至连他的父母都无法解决的问题呢?

　　他只能在他和当地孩子们的差异上做文章。肤色、头发与眼睛的颜色不同,这仅仅是外表,最大的区别是,他所来自的东方社会对于当地孩子们来说是一片空白,教育与文化的背景差异,这些才是最主要的。

　　于是有一天,小吴铭有意带了一张中国剪纸去上学,并故意让同学们看到这张美丽的作品,那些从未见过中国艺术品的孩子们惊呆了,他们发出了夸张的呼声:上帝啊,这是什么,竟然如此美丽……

　　这就是中国的剪纸,小吴铭自豪地告诉他的同学们,并说:如果你们喜欢的话,我可以替你们剪……

　　说完,小吴铭拿出剪刀和彩纸,很快剪了一张印第安人的剪影,所有的同学立即震惊了,投向吴铭的目光,再也不像以前那样漠然与充满敌意。

　　没有人能够知道,小吴铭为了练习剪纸,他在家中把自己的手剪得鲜血淋漓,他这样做的目的并不是为了讨好谁,而是他希望人们能够知道,他不是人们所想象的那样连英语都说不清楚的笨学生。

　　这次事情之后,小吴铭在孩子们的心中很快有了地位,他并不是一个毫无价值的人,这是他告诉别人的最重要的事情。

　　当小吴铭已经适应了异国的环境的时候,他的父母却面临着人生又一次的重大选择:无论他们如何努力,始终无法获得当地主流社会的认同,现在他们考虑的问题是小吴铭所没有想到的:回国。

　　小吴铭也渴望着跟随他的父母一道返回遥远的家乡,但是,他当时正准备再做一件事,让他的伙伴和老师们大吃一惊。

　　那一年小吴铭刚刚 15 岁,在美国底特律。

　　他打算开一家中国餐馆,让当地人品尝到中国美味的饭菜。

　　对于他这个建议,父亲和母亲嗤之以鼻,不屑一顾,他们两个成年人的努力都无法获得任何效果,更何况一个不懂事的孩子了,他们冷冷地拒绝了小吴铭的建议，并告诉他随时准备回国。

小吴铭却不肯放弃，他奔跑在居民社区的周围，调查当地人对中国饭菜的印象，并请求他的老师帮他作了一份融资申请，拿着这份申请，他一个人怯生生地走进了银行，出乎意料的是，银行批准了这一贷款要求，贷给了小吴铭十五万美金。

就在小吴铭的父母目瞪口呆时，小吴铭的中国菜馆已经开张了，当天宾朋满座，营业额高达 7000 美金，他只用了两个月就还清了银行的贷款，并成为当地让人羡慕的"有钱人"之一。

当小吴铭背着书包去上学的时候，他的父母却已经成了他的雇员，忙前忙后地替他操持着饭馆的业务……

魔力悄悄话

小吴铭的故事告诉我们这样一个道理：和谐的人生不会从天上掉下来，它是一个自我寻找的过程，只要你找到你自己的价值之所在，找到你人格中最有魅力的部分，那么，当你融入社会的时候，就会真切体验到鱼儿游在水中的感觉。

和谐不是丧失自我

真正的和谐并不意味着要求大家都是一个样子,完全相同,而是拥有不同的个性、爱好、品位等,但相处在一起时,却又融洽和美,不会互相冲突。

驴子在吃草的时候听见蝉在唱歌,歌声非常美妙动听。驴子沉醉在这优美的旋律中,几乎忘记了自己的存在。"要是我能和蝉一样发出同样悦耳动听的声音,演唱一首歌曲,那该有多么美好啊!"驴子这样想,于是便羡慕地问:"你的歌声实在是太动听了,请问你是怎么发出如此美妙的声音来的?你有什么秘方或者诀窍吗?"蝉答道:"秘方、诀窍倒是谈不上,不过我认为我的嗓子好可能和我经常吃露水有关系,露水是种好东西……"驴子听后大喜,因为露水对于它来说很方便就能找得到。从此以后,驴子就不吃草了,只喝草叶上的露水,没过多久驴子就饿死了。

驴子的悲剧来源于它丧失了自己,强求自己和别人一样,结果不仅没有学到别人的长处,还迷失了自己。中国还有个成语叫"邯郸学步",说的也是这个意思。

和谐就好比一个房间里,不可能为了整齐只摆放一些椅子,而是另外还要有桌子、沙发等其他的摆设,物尽其用,互相协调,这样才美观实用。

一个人养了一头驴和一只哈巴狗。驴子成天被关在栅栏里,虽然不愁吃喝,但是每天都要干很多的活儿,不是到磨坊里拉磨,就是到树林里驮木材,或者运货物到集市上,工作特别繁重。

哈巴狗的命运和驴子则有天壤之别。它会表演许多小把戏，做很多有趣的动作，特别能讨主人的欢心，主人一高兴就会赏赐给它一些好吃的，到了傍晚主人还会和它一起外出散步。

驴子在工作之余，难免心有不平，自己累死累活，还得不到自由，而哈巴狗什么都不用干却能得到宠幸。

这一天，机会终于来了，驴子扭断缰绳，跑进主人的房间，它决定学哈巴狗那样逗主人开心，说不定主人会带自己出去游逛一天。

驴子看到主人就围着他跳舞，可是它的腿碰倒了桌子，碗碟被摔得粉碎，接着又撞翻了椅子。驴子觉得这样还不够亲热，于是它学着哈巴狗的样子，趴到主人身上，伸出舌头去舔他的脸。

主人被它吓坏了，以为驴子发疯了，也不敢反抗，只是在那里大叫。驴子以为主人喜欢自己这样，越发起劲了。

大家听到喊叫急忙赶到，把驴子拽了出去。驴子等着主人给自己奖赏，没想到反倒挨了一顿痛打，接着又被关进了围栏子里。

这个驴子也犯了同样的错误，它的不和谐就是因为它没有给自己一个准确的定位，明明自己是一头驴，却偏要去学哈巴狗，结果只能是遭到人们的厌恶。

魔力悄悄话

在现实生活中，和谐绝不是排斥和自己不一样的人，要求大家千篇一律。当我们和别人相处时，要明白，每个人都有自己的特点，应该学会尊重和接受别人的风格，不拿自己的标准来要求别人。同时，也要保持自己独立的个性。

和谐是相处之道

和谐是人和人在相处时表现出来的融洽程度,只有学会与人相处,才能体会到和谐所带给我们的愉悦和好处。与人相处是门学问,善于与人相处的人,总是有着不同的法宝。

有一则故事:

两个朋友在沙漠中旅行,旅途中他们为了一件小事争吵起来,其中一个还打了另一个一记耳光。被打的人觉得深受屈辱,一个人走到帐篷外,在沙子上写下:"今天我的好朋友打了我一巴掌。"他们继续往前走,一直走到一片绿洲,停下来饮水和洗澡。在河里,那个被打了一巴掌的人差点被淹死,幸好被朋友救起来了。被救起之后,他拿了一把小剑在石头上刻下了:"今天我的好朋友救了我一命。"他的朋友好奇地问道:"为什么我打了你后,你要写在沙子上,而现在却要刻在石头上呢?"他笑着回答说:"当被一个朋友伤害时,要写在易忘的地方,风会负责抹去它;相反,如果被帮助,我们要把它刻在内心的深处,那里任何风都不能磨灭它。"

这个人的话很有道理,他告诉我们,与人相处就要多记得别人的好处,少记对方给我们带来的不幸。只有这样,才不至于为了一些已经无法改变的事实而影响和谐,彼此怨恨。当然,还有一点很重要,那就是首先我们自己要做一个正直善良的人,绝不能去做损人利己的事情。我们要求自己与人为善,要求自己有堂堂正正的品行,是不是只要我们品行端正,在做人处事的时候就不需要技巧和方法了呢? 不是的,无论你有怎样的身份,地位有多高,在与人交往的时候,都需要小心翼翼,注意不要伤害到别人脆弱的内心。

宽容——宰相肚里能撑船

大唐贞观年间，唐太宗有一个女儿嫁给了薛驸马，有一次，唐太宗很随意地说了一句：这个薛驸马，像个老农民。不过只是一句戏言，却很快被听到的人传了出去，人们都在拿这件事取笑薛驸马，最感到羞愧的是公主，她觉得所嫁非人，很没面子，干脆回到宫中居住，再也不见薛驸马了。唐太宗知道了这件事情之后，并没有斥责公主"爱慕虚荣"，而是传召薛驸马进宫，在很多人面前，和薛驸马玩掷骰子的游戏，然后唐太宗故意输给薛驸马，玩到最后，连唐太宗随身佩带的佩刀都被薛驸马给赢了过去。这边大家的热闹还没有散场，公主已经自己从后宫里跑出来，挽住薛驸马的手臂登车回家了。

唐太宗没有多说一句话，却巧妙地将家庭矛盾化解于无形，这就是居家和谐的相处之道了，同样的家庭矛盾在许多家庭中也都存在，但是，如果我们缺乏处理的艺术，就很难达到唐太宗的这种效果。

如果唐太宗以皇帝之威，出面劝说公主又会怎么样？

那样的话只能把问题复杂化，矛盾的处理一定要注意距离的问题，以皇帝之尊，公主当然不敢不从，但屈从并不意味着认可，与家庭的幸福更是没有关系。反之，唐太宗从人与人之间的距离入手，故意输给薛驸马，一下子就抬高了薛驸马在公主心目中的地位与形象，自己的丈夫是赢了皇帝的人，和此前只不过是一个农民的感觉相比，相差不可以道理计。

人与人相处的距离感就是这样，距离产生美，距离的变化则蕴藏着和谐的秘密，只要我们把握了这一点，我们也就把握住了人生幸福的主旨。

魔力悄悄话

人也是这样，过于接近并不是一件好事，人和人的相处需要有自己的空间，不能过分逾越。否则，你觉得是亲密的举动，在对方看来，却可能是一种伤害。

和谐就是让别人和自己都快乐

真诚地付出总会有所回报，带给别人帮助和快乐，对你来说或许只是举手之劳，但对别人却可能是一种巨大的恩惠。

和谐相处的人，肯定是在交往的过程中都有愉快的感觉，如果没有这种愉快的感觉，那还算不上是真正的和谐。

我国古代有句话叫作"白首如新，倾盖如故"，意思是说，有的人在一起相处了一辈子，却好像刚认识一样陌生，而有的人只是刚见面，就觉得亲切备至，如沐春风。如沐春风，无疑是相处愉快的表现。

因此，和谐，就是相处的双方都能感到快乐。

一位妇女因为丈夫不再喜欢她了而烦恼。于是，她乞求神给她帮助，教会她一些吸引丈夫的方法。

神思索了一会儿对她说："我也许能帮你，但是在教会你方法前，你必须从活狮子身上拔下三根毛给我。"

恰好有一头狮子常常来村里游荡，但是它那么凶猛，一吼叫起来人都吓破了胆，怎么敢接近它呢？但是为了挽回丈夫的心，她还是想到了一个办法。

第二天早晨，她早早起床，牵了只小羊去那头狮子常出现的地方，放下小羊她便回家了。以后每天早晨她都要牵一只小羊给狮子。不久，这头狮子便认识她了，因为她总是在同一时间、同一地点放一只温顺的小羊讨它喜欢。她确实是一个温柔、殷勤的女人。

不久，狮子一见到她便开始向她摇尾巴打招呼，并走近她，让她拍它的头，摸它的背。

每天女人都会站在那儿,轻轻地拍拍它的头。

女人知道狮子已完全信任她了。于是,有一天,她细心地从狮子鬃上拔了三根毛。她激动地拿给神看,神惊奇地问:"你用什么绝招弄到的?"

女人讲了经过,神笑了起来,说道:"以你驯服狮子的方法去驯服你的丈夫吧!"

神交给这个女人的办法其实就是要使对方感到快乐,只有对方在和你相处的过程有愉悦之感,他才会愿意与你长久地来往,这就是和谐的本质。

一天,拿破仑和他的勤务兵迪罗克一同来到了一家酒店,由于想要隐藏身份,所以他们穿得颇为朴素。

吃完饭后才发现,两人都没带钱,无法支付这14法郎的账单。勤务兵向老板提出一个建议:"我们忘记带钱了,一小时后再给您送来。"

可老板不同意,并说不立刻付钱就叫宪兵来。

这时一个跑堂儿的对老板说:"别叫宪兵了,大家都可能有忘带钱的时候,我看那两位先生蛮老实的,我先垫14法郎。"

这样拿破仑才得以离开酒店。

不久后勤务兵回来,问那个老板:"你花多少钱买下的这家酒店?"

"5万法郎。"老板回答。

勤务兵拿出5万法郎扔在桌上,随后说:"我奉皇帝的命令,买下这家酒店送给跑堂儿的,因为在我们困难时是他帮助了我们。"

真诚地付出总会有所回报,带给别人帮助和快乐,对你来说或许只是举手之劳,但对别人却可能是一种巨大的恩惠。这个跑堂儿的正是因为及时帮助拿破仑解决了麻烦,给他带来了方便,才使他和拿破仑建立了和谐的关系。

有个人家里办喜事,摆了几十桌酒菜,可是看看时间过了,还有一大半的客人没来,于是心里很焦急,便脱口而出道:"怎么搞的,该来的客人还不来?"

一些敏感的客人听到了,心想:"该来的没来,那我们是不该来的喽?"觉得如果再待下去的话,就会被主人说不要脸了,于是便悄悄地走了。

主人一看又走掉好几位客人,而那些没来的客人仍然没来,心里越发着急了,便说:"怎么这些不该走的客人,反倒走了呢?"

剩下的客人一听,又想:"走了的是不该走的,那我们这些没走的倒是该走的了!"于是剩下的客人又都走了。

最后只剩下一个跟主人较亲近的朋友,看了这种尴尬的场面,就劝主人说:"你说话前应该先考虑一下,否则说错了,就不容易收回来了。"

主人大叫冤枉,急忙解释说:"我并不是叫他们走哇!"

朋友听了大为恼火,说:"不是叫他们走,那就是叫我走了。"说完,他头也不回地离开了。

这个主人之所以会得罪客人,不能与别人和谐相处,就是因为他有口无心,不仅没有给别人带来做客之乐,还伤了别人的自尊。

有一名英语老师言语比较偏激,对于犯错的学生,他常常冷嘲热讽,令那些自尊心很强的学生难以接受,所以在他任教的这所学校里,他是一名不受学生欢迎的老师。

某天,他在讲课时,在语法问题上,他不小心犯下一个明显的常识性错误,这个错误被一名昔日他嘲讽过并耿耿于怀的学生发现了。

这名学生认为报复的机会来了,毫不客气地指出错误,此时所有的学生都沉默不语,想看看这位平时不受欢迎的老师会如何应付。

这位英文教师却显得很冷静,说道:"噢,看你平时上课不用心,想不到今天上课却这么用心,连这么不起眼的毛病都被你发现了,其他的同学怎么没发现?为什么疏忽了这个错误呢?"

这位学生本来是以报复的心态向教师展开攻击的,不料竟得到这位老师的当众赞扬,心里顿时充满了自豪感,马上又觉得这位老师并不是那种人见人嫌的人物,他其实也有他的可爱之处。

　　这位老师运用了赞美别人的方法,使别人在受到夸奖的同时感受到了快乐,并因此减少了敌意。这种结局和以前学生对他的仇视相比,完全可以算得上是一种和谐的进步。

魔力悄悄话

　　只有我们让别人感觉到快乐,别人才会乐意和你交往,才会长久地在你的身边做你的朋友,这才是和谐的真谛。

给人欢愉，带来和谐

一个小女孩路过一片草地，看见一只蝴蝶被荆棘弄伤了，她小心翼翼地为它拔掉刺，让它飞向大自然。

后来蝴蝶为了报答小女孩的救命之恩，化做一位美丽的仙女，对小女孩说："因为你很仁慈，请你许个愿，我将让它实现。"

小女孩想想说："我希望快乐。"

于是仙女弯下腰在她耳边悄悄细语一番，然后消失了。小女孩得到仙女的秘诀，后来果真快乐地度过了一生。

那位仙女给小女孩的快乐秘诀是："身边的每个人，都需要你给予爱心。"

还有一个故事：

一天，一个贫穷人家的小女孩，和几位小姐妹一起到了县城，希望用小小的一笔钱购回期待已久的黄丝带。

就在女性化妆专柜前，她看见一个小男孩因为失手摔碎了刚买的七色镜而泪流满面，于是她便用自己所有的钱买了同样的七色镜送给小男孩。

就在那个小男孩破涕为笑转忧为喜时，她的心也跟着亮丽起来。这样不经意的情感细节，不过是滚滚红尘中一粒细细的尘埃，但它却永远地占据了那个小女孩的心。

的确是这样，只要你能用自己的爱心给别人带来欢乐，你自己也将会享受到其中的愉悦和幸福，更能够创造出与人和谐的关系。

宽容——宰相肚里能撑船

程颢和程颐都是宋朝著名的哲学家、教育家，是同胞兄弟，二人并称"二程"。

有一次，两人共同去参加一个宴会，到了宴会上一看，座中还有两位妓女。程颐转身拂袖而去，显得很不高兴。

而程颢却依然如故，丝毫也不介意，与主人尽欢而散。

第二天，程颐问程颢说："你也自诩为正人君子，为什么看见妓女还不离开，只知欢乐？"

程颢说："我之所以没有走，是因为当时是席上有妓女，而我心中没有妓女。你到现在还介意这件事，因为现在虽然席上无妓女了，但妓女还在你的心中，不能释怀。"

程颢的说法有点玄，不过咱们要说的意思，其实是程颢照顾了主人的面子，大家尽欢而散，主宾都玩得高兴。而程颐则为了自己的喜好，让主人难以下台，使双方都不高兴。

我们要说的是，在很多情形下，你当然要保持自己的高风亮节，但你必须要学会以一种宽容的心态去看待体现在别人身上的人性的缺陷，同流合污固然要不得，但求全责备，也是和谐处世的大敌。

犹太人格森在日本经营着一家清酒公司，有一次，公司开发出一种新品牌的清酒，在扩大市场的过程中，遇到一个潜在的大客户龟田，这个客户开了10家连锁饭店。

格森想把新的清酒销售给这个客户，他多次上门去拜访龟田，每一次都吃闭门羹，对方不是态度冷淡，就是敷衍了事。

一次，他再度尝试去拜访龟田。

当走进龟田的办公室，刚想向他打招呼时，龟田就用力地拍了一下桌子，冲着他喊："怎么又是你，我不是跟你说了吗，我很忙，没有工夫和你浪费时间。你快走吧，别再来烦我了。"

要是一般人遇到这种情况，可能会因为无法忍受他的言辞和他争吵起来，或者干脆扭头就走，但格森没有那样，他显得很平静，马上想到龟田一定有什么不顺心的事。

他立刻用和客户几乎一样的紧张语气说："你怎么了,龟田君,我每次来拜访你的时候,都发现你的情绪不好,你是不是有什么不顺心的事呀?我可以坐下来和你谈谈吗?"

格森说完之后,龟田马上平静了下来,脸上的怒气也随之消失。格森见了之后,很和气地继续说道："我想你一定是遇到了什么不顺心的事情。能跟我说说吗?"

这时,龟田也用相类似的语气说："你猜对了,最近我确实很烦。为什么呢?你知道我是从事连锁餐饮行业的,今年下半年计划开三家分店,什么东西都准备好了,结果上个月我的三个分店经理都让我的竞争者以高薪给挖走了,你要知道,为了培养他们,我可是花了不少力气的。你说我能不生气吗,事情简直糟透了。"

格森听了拍拍他的肩膀说："哎,龟田君,不光是你有这样的烦心事,我也有啊。你看看,我们最近不是有新的产品要上市吗,前几个月我好不容易用各种方法招来十几个新的推销人员,每天我都会用大量的时间培养他们,想把我们的市场打开。结果才三个多月的时间,十几个新的推销人员走得只剩下五六个了。"

接下来的几分钟,他们向对方抱怨,现在的人才是多么难寻找,员工是多么难培养……

最后,格森站起来拍拍龟田的肩膀,说："好了,龟田君,让我们忘了这些烦心的事吧。正好我车上带了一箱新的清酒,搬下来你先免费尝一尝,不管味道怎么样,过两个星期,等我们两人都把问题解决了以后,我再来拜访你。"

龟田听了后就顺口说："好吧!那你就先搬下来再说吧。"搬下来后,两个人挥手互道再见,格森就离开了。

结果可想而知,龟田成了格森的大客户。

在整个谈话的过程中,格森始终没有谈及自己的产品,那他是怎样促成交易的呢?

其实很简单,他花了大部分时间与龟田聊天,触动了龟田的同情心,与之建立了感情的共鸣,这样他就自然而然地谈成了生意。

而格森与龟田的共鸣,使龟田感受到了一种被人关心和发泄不满的快乐,因此他们的合作就是建立在和谐的关系这一基础之上的。

魔力悄悄话

只要你能用自己的爱心给别人带来欢乐,你自己也将会享受到其中的愉悦和幸福,更能够创造出与人和谐的关系。

让别人和自己都成功

一只老鼠饱食终日,长得肥硕丰满,从来不知道要在什么时候忌口。一次,它在沼泽地旁嬉戏,一条水蛇蹿过来对它说:"请赏光到我家,我请您吃一顿大餐。"

老鼠愉快地接受了邀请,水蛇便口若悬河地讲起它们游泳的快乐、旅行的乐趣,以及沼泽地里发生的各种各样的奇闻逸事。

但老鼠边听边犯愁,因为它不大会游泳。水蛇赶紧替它想了个办法:它让老鼠把爪子绑在自己身上,用灯芯草死死捆住。

一进沼泽地,水蛇就使劲把老鼠往水里拽。它正打着如意算盘,在它眼里肥老鼠真是一道美味的佳肴,大吃大嚼可真过瘾,于是水蛇在想象中把老鼠嚼得嘎吱直响。

老鼠此时祈祷上苍保佑自己,而水蛇却嘲笑它胆子太小,并拼命把它往水中拉。

就在老鼠奋力挣扎的时候,一只老鹰在天空盘旋觅食,正巧看到了肥硕的老鼠,便俯冲下来把老鼠抓住了。因为灯芯草捆着老鼠和水蛇,所以老鹰一下子捕获到了两份猎物。

水蛇的悲剧就是人为地为别人设置障碍,结果却是搬起石头砸自己的脚,自讨苦吃。

要想和谐地与别人相处,不仅需要自己取得成功,还要使别人也取得成功。这就如同是两个生意上的合作伙伴一样,只有双方都能从中获得利润,实力越来越强,彼此的合作才能更加牢固和持久。

古时候,有两兄弟各自带着一只行李箱出远门。一路上,重重的行李箱将兄弟俩都压得喘不过气来,他们只好左手累了换右手,右手累了换左手。

忽然,大哥停了下来,在路边买了一根扁担,将两只行李箱一前一后挂在上面,然后挑起两个箱子上路,反倒觉得轻松了很多。

还有一个故事,在一场激烈的战斗中,上尉忽然发现一架敌机向阵地俯冲下来。照常理,发现敌机俯冲时要毫不犹豫地卧倒。可是上尉并没有立刻卧倒,因为他发现前面离他四五米远的地方有一个小战士仍旧浑然不觉。

他顾不上多想,一个鱼跃飞身将小战士扑倒并紧紧地压在了身下。此时一声巨响,飞溅起来的泥土纷纷落在他们的身上。上尉起身拍拍身上的尘土,看见小战士安然无恙而感到很欣慰。他回头一看,顿时惊呆了,原来刚才自己所处的那个位置被炸成了一个大坑。

这两个故事说的都是同一个道理,那就是在帮助别人的同时,使别人获得成功,你自己也会从中收益,享受成功,从而获得完美和谐的结局。

在第一个故事中,哥哥买了根扁担,把弟弟的行李也挑了起来,既减轻了弟弟的负担,自己也轻松了。

在第二个故事里,那个上尉在紧急关头想救士兵一命,正好也挽救了自己的生命,如果不是他的舍己为人,故事的结局将不堪设想。

在一片茫茫沙漠的两边,有两个村庄。要到达对面的村庄,有两条路,一是绕过沙漠走,至少需要走二十多天;一是横穿沙漠,只需要三天。但横穿沙漠极为危险,许多人试图横穿,却都葬身沙漠。

有一天,一位智者经过这里,给村里人出了个主意,让他们每隔半里种上一棵胡杨树,一直种到沙漠对面的村子。他说:"如果这些胡杨树有幸成活了,你们可以沿着胡杨树来来往往;如果不能成活,你们就沿着枯树苗走,只是每一个经过的人都要把树苗拔一拔,免得被风沙给湮没了。"

结果,这些胡杨树苗全都被烈日和灼沙烧死了,变成了路标。

沿着这些路标,两村人平平安安地走了十几年。

一年夏天,一个外地僧人非要坚持一个人到对面的村庄去化缘。大家叮嘱他说:"你可以沿着这些胡杨走,不过请你把要倒的向下插深些,把快被湮没的向上拔一拔。"

僧人背了一袋水和一些干粮上路了。路上他果真遇到了不少即将被湮没的胡杨,但他却想:"反正我就走这一次,湮没了和我也没关系。"他没有理会这些胡杨,对那些要倒的胡杨他也视而不见。

就在这位僧人走到沙漠深处之时,静谧的沙漠里陡然间狂风大作,飞沙走石,许多胡杨被厚厚的流沙湮没,有些胡杨甚至没有了踪影,僧人没头苍蝇似的四处乱走,却再也没能走出这片沙漠。

僧人的自私就在于他只想着自己走到目的地,却不考虑别人也会从这条路上经过,忽视别人利益的人,自己一定不会有好下场。

魔力悄悄话

在帮助别人的同时,使别人获得成功,你自己也会从中受益,享受成功,从而获得完美和谐的结局。

放弃私欲感知和谐

帮助别人，使别人也成功达到目的地，是一种和谐的智慧。

很久很久以前，布罗尔城中有一个叫约翰的人，他是一个天生的乐观主义者，对任何人和任何事都抱着乐观的看法，许多人都讥笑他，但是约翰那快乐的天性却从未改变。

有一天，约翰在路上遇到一个人，那个人背负着一只沉重的大包裹，见到快乐的约翰，他就喊道："来来来，我的好朋友约翰，快来帮我扛着这只包裹吧，上帝知道，你会因此而快乐的。"

快乐的约翰真的跑过去，替对方把包裹背了起来，那只包裹意想不到的沉重，差一点儿把约翰压得趴在地上，但是约翰天性乐观，还是咬着牙把包裹背了起来，问那个人："我们去哪里？"那个人说："克莱斯城，当然是克莱斯城，这难道有疑问吗？"约翰吓了一跳，失声叫喊起来："天啊，是克莱斯城，那要走好远好远的路啊。"那个人说："当然，不过这难不住你快乐的约翰，是不是？"听了这人的话，约翰那快乐的天性又占到了上风，他高兴地回答说："没错，一点儿也没错，没有任何问题能够让我们忧愁的。"

于是两人就上了路，约翰背着沉重的包裹，那个人轻松自在地走在他的身边，还不时催促约翰加快脚步，走不多久，就遇到了强盗，强盗们挥舞着弯刀冲了上来，快乐的约翰这时候也顾不上快乐了，他背着包裹，掉头紧跟在那个人身后拼命地跑。

因为约翰背着包裹跑不动，没多久强盗们就追上了他，把他连人带包裹一块儿掳到了山洞里。

"这个包裹里有什么？是不是银子？"强盗们急切地问道。"我不知道。"约翰回答说,把路遇那人让他背包裹的情形说了一遍。强盗们打开包裹一看,里边装的竟然是许多不值钱的沉重石头。

"为什么包裹里要装满石头呢?"强盗们想了一想,就全都明白了。

原来,那个人是一个坏家伙,他听说了约翰乐天的传说,就故意用一只装满了石头的包裹欺骗约翰。发现了这只是一个恶作剧之后,强盗们故意不说出来,而是假装兴高采烈地叫嚷起来:"啊,原来这只包裹里边全都是金币啊,闪闪发亮的金币啊。"

为了证明他们所说的是真的,强盗们还故意举起手中的几枚金币,假装是他们刚刚从包裹里取出来的。约翰见了这种情形急得大叫起来:"你们不能这样做,这些金币都是那个人的,你们这些强盗,快点把金币还回来。""做梦去吧你!这些金币全部归我们所有了,难道你不知道我们是无恶不作的强盗吗?"

强盗们这样说着,并偷偷商议道:"我们不是正好要将一包裹金币运往克莱斯城吗?可是路上太危险了,为什么不让约翰替我们干这活呢?"于是强盗们将包裹中的石头全部倒掉,换上了满满的一包裹金币,再把包裹扎起来,故意放在一个能够让约翰看到的地方,然后把约翰关在牢里,夜晚却故意打开牢门,让约翰逃出去。

乐天的约翰果然上当了,到了半夜,他偷偷溜出牢门,走到那只包裹前,吃力地将包裹背了起来,向洞外逃去,他逃出了强盗的巢穴,还记得那个人让他把包裹背到克莱斯城去,就背着包裹出发了。

他走了好远好远的路,终于到达了克莱斯城,进城之后他就寻找那个让他把包裹背到这里来的人。

"你说的是莱特啊,狡黠的莱特,"克莱斯城的居民告诉约翰,"莱特那家伙是一个坏蛋,以戏弄天真厚道的老实人为乐,你一定是上了他的当,把这只包裹背到这里来了,如果你把包裹打开的话,肯定会发现里边装的不过是一文不值的石头,莱特干这种事儿可不是一次两次了。"

"不,"约翰说,"这只包裹里边,装的全都是闪闪发光的金币。"

"哈哈哈,"大家笑了起来,"莱特那个穷光蛋,他家里连一枚金币也找不出来,你肯定是上了他的当。"

但是约翰坚持认为他背的就是金币,大家强忍着笑,带约翰去了莱特的家里。

莱特的家里果然是一贫如洗,他见到约翰背着那么沉重的一只包裹来到吃了一惊,因为他还以为约翰早被强盗杀死了呢。现在见到约翰平安归来,这个坏家伙非但没有一丝同情之心,那邪恶的天性,反而占到了上风。莱特哈哈大笑了起来:"约翰,你把我的金币全都背回来了吗?""背回来了。"约翰老老实实地回答道,并将包裹放在地上。"那你把包裹放下,你可以回去了。"莱特吩咐道。

天真的约翰就真的把包裹放下,出门后独自返回布罗尔。等他走后,莱特笑得眼泪都出来了,他就是这样的人,戏弄了别人自己却觉得开心,而且他搞起恶作剧来没完没了,一想到约翰就这样轻轻松松独自回家,他的心里就非常难受,于是他吃力地背起那一包裹"石头",追出门去,在半路上追上了约翰。"约翰。"莱特大声叫道。"什么事?"约翰停下来问道。"是这样,"莱特假惺惺地说道,"你替我把这一包裹金币背到克莱斯城,我还没有酬谢你呢,这样好了,我把这一包裹金币就全部送给你好了。"

"真的吗?"约翰惊喜交加。

"当然是真的。"莱特把包裹交给了约翰。

"我太感谢你了,你真是一个大好人。"约翰真诚地道过谢,就背着这一包裹金币回家了。

那边莱特又以为自己戏弄了约翰,也兴高采烈地回去了,可是等他到了家,强盗们也来了。"把金币交出来。"强盗们拿刀恐吓道,"不然就杀了你。"

"金币?"莱特吓坏了,"我没有啊。""胡说,"强盗们斥责道,"就是约翰替你背回来的那一包裹石头,是我们把其中的石头换成金币的,现在我们要把所有的金币都拿回去。""可是我把所有的金币全部送给约翰了……"莱特吓坏了,急忙替自己辩解道。"你胡说,"强盗们根本不相信他,"你这个骗子,我们已经问过别人,他们都亲眼看到你把所有的金币都留了下来,还敢欺骗我们?"

结果可想而知,坏家伙莱特被强盗们砍了头,强盗们也不肯相信他会把那么多的金币全部送给约翰,他才没有这种好心呢。而约翰,此时却背着那满满一包裹金币回到了家中。他一直认为自己背的都是金币——也确实是这样。

这是一个幸运的故事,也是一个愿意以自己的付出让别人满意,因而自己收获到了最丰盛的人生收获的故事。当别人都认为约翰所背负的不过是毫无价值的石块的时候,只有他自己才知道,他背的是最有价值的金币。

和谐的道理就在于此,**当你为了满足别人的愿望做事的时候,或许在有些人眼里,你所流的汗水没什么价值,但是最终,获得人生收获的只有你自己。**

魔力悄悄话

和谐的道理就在于此,当你为了满足别人的愿望做事的时候,或许在有些人眼里,你所流的汗水没什么价值,但是最终,获得人生收获的是你自己。

和谐体现在细节中

一个公司的会计因为账目出了差错,连续三个星期夜以继日地查账,一直也没有找到出错的地方。账面上明明有 600 元的亏空,就是找不出哪里出了差错。她简直就快要疯了。

财务主管看到她疲惫和焦灼的情形,向她询问了情况后,于是让她把账本交给了他。主管在办公室里仔细地核对了每一笔收支,终于发现了问题所在——有一笔货款应该是 1050 元,却被记成了 1650 元。

当主管把这个明显的差错摆在会计面前时,会计仔细一瞧,这才发现:原来是一根苍蝇腿正好粘在了"1050"第一个"0"的左上角,于是 1050 就变成 1650 了。

很多事情的成败往往取决于一个小小的细节,关注细节的人才能把握全局。和谐也是如此,其实和谐就在我们身边的点滴小事中,就在很多小小的细节里。如果不注意这些细节,很可能就会因为一点点小事影响和谐的局面。

参议员新雇了一名男仆。

"你在这里工作,一定要听从我的吩咐!我让你做什么你就得做什么。不让你做的绝对不能做!"

没过多久,他吩咐开饭。仆人端上饭后便一动也不动。

参议员看了看桌上的饭,禁不住问道:"菜呢?"

"先生,您没有吩咐我上菜。"

"脑筋要灵活,饭与菜有连带关系。"

有一天，参议员患了感冒，叫男仆去请医生。

过了很长一段时间，男仆气喘吁吁地跑了过来，上气不接下气地说道："除医生外，一些有连带关系的人我也请来了。"

"你都请了一些什么人。"

"嗯，有药店经理、办遗嘱手续的律师、殡仪馆的老板，还有熟练的掘墓工……"

这个参议员别的毛病没有，就是嘴上说话太不讲究方式了，结果遭到了仆人巧妙的报复，使他有苦难言。由此可见，说话虽然只是一件小事，但是如果不注意分寸和方式，就会造成不和谐。

魔力悄悄话

和谐就在我们身边的点滴小事中，就在很多小小的细节里。如果不注意到这些细节，很可能就会因为一点点小事影响和谐的局面。任何性质的伤害都是双刃剑，伤害了别人就必然伤害到自己，哪里还有和谐可讲？

学会和谐的言语

如果不注意说话的分寸和场合,很可能就会伤害到别人,从而造成不和谐。

朱元璋做了皇帝以后,有很多以前的穷朋友想凭借这种关系来求得官职,有些人直接把从前在一起的一些恶作剧或不太光彩的事情全部说出来,以为这样就可以使皇上怀念旧情而重用自己,结果不是被轰走,就是被推出去斩了首。

但是,有一个小时候在一起玩的伙伴却凭着一张巧嘴得到了朱元璋的重用。他也不远万里前来拜见皇上,皇上问他有什么事要禀报。

他向皇上行过大礼,而后不慌不忙地说:"万岁,曾记否?当年微臣随驾扫荡庐州府,打破罐州城,汤元帅在逃,拿住豆将军,红孩子当关,多亏菜将军。"

朱元璋听了非常高兴,心想此人既把小时候在一起偷豌豆、煮豌豆的事情说了出来,又顾及了自己的面子和尊严。

当时在煮豌豆的过程中,罐子不小心被打破了,自己只顾抢豆吃而被红草叶卡住,幸亏得到了这位好伙伴的帮助,才用菜叶把红草带下了肚子。

朱元璋马上封他为御林军总管。

这个聪明人很注意说话的分寸和场合,能考虑到朱元璋的自尊,这一小小的心思显然创造了和谐的局面。

日常说话的时候,最难的就是难以摆正自己与对方的关系,既要做到不卑,又要做到不亢,不妄自菲薄,也要避免伤害到对方,这其中的语言技巧,值得我们留心揣摩。

南齐时,皇帝萧道成才华过人,无论是棋艺、书法还是诗句,在中国的历史上都享有一席之地。

但萧道成再如何聪慧,他终究是皇帝,与他相伴的无一不是出类拔萃之士,所以萧道成的才华说到底,最多也只不过是一个二流的角色,虽然这足以史上留名了,但萧道成却不满意,总是惦记着和手下人比一比。

曾有一次,萧道成与著名书法家王羲之的四世族孙王僧虔一起写字,王僧虔虽然在中国书法史上地位不高,但终究不是萧道成能够比得上的,萧道成自己也明白这一点,可他还是忍不住问了句:"我们两个写的字,谁的更好些?"

这句很随意的问话,对王僧虔而言无异于一道鬼门关,如果他实话实说,难免会引起萧道成心中的不快,说不定杀身之祸须臾就会降临。可如果违心说假话,萧道成更不高兴,仅阿谀奉承四个字,就够王僧虔受得了。

为难之际,王僧虔灵机一动,回答道:"我的书法在臣子中数第一,陛下的书法,在皇帝们中数第一。"

萧道成听了,哈哈大笑起来,说:"你很会替自己打算。"

一场祸患,就这样被消除于无形。

语言的技巧,不仅表现在说话的方式上,同样也表现在说话的场合上,场合不对,说了不该说的话,就会损毁自己在别人心目中的形象,最终葬送自己的前途,这是有违于和谐之道的。

明朝的高拱就是因一句话丢了官职的典型。

高拱是明穆宗钦定的辅佐政事的顾命大臣之一,功高位显。而明穆宗另外一位宠信的红人是太监冯保,冯保这个人知书达礼,又喜爱琴棋书画,很有涵养,所以穆宗希望他能教导小皇帝。

但是高拱和冯保两个人非常不合,高拱视冯保为眼中钉,欲除之而后快。而冯保很清楚这一点,也在想方设法除去对手。

宽容——宰相肚里能撑船

高拱自视过高,目中无人,性格暴躁。穆宗死后,有一次他对同僚们说:"十岁太子,如何治理天下?"

这句话传到了冯保的耳朵里,他连忙向皇太后和小皇上报告了此事,皇太后和皇太贵妃听了后都大吃一惊,万历小皇帝脸色立即大变。第二天,圣旨宣布,高拱一听,连站起身的力气都没了。

原来圣旨说的是:今有大学士高拱专权擅政,把朝廷威福都强夺自专,却不许皇帝主专。不知他要何为?我母子三人惊惧不宁。高拱回籍闲住,不许停留。

因为一句轻狂的话,却落得个丢官毁爵的下场,高拱显然是没有学会在小处约束自己。

魔力悄悄话

一言丢官,是封建社会下的常态。如今社会已经有了很大的进步,但是,言语上的不慎给别人带来的不快感觉,却是人性的体现,仍然是需要我们惕厉自省并随时注意的。

第四章
有宽厚才有和谐

　　和谐是人和人之间的行为标准,如果只有你一个人,是不需要和谐的。那么既然是发生在人和人之间的,就不可避免地会产生矛盾,有了矛盾肯定就需要解决矛盾。

　　我们必须要先认清一个问题,和谐最重要的因素是什么? 是宽厚。

　　不能想象的是,没有一方是宽厚的,事情会演变成什么样子。

　　只有其中一方的忍让和宽恕,才能维持一个平稳的局面,不至于使事情变得无法挽回。

宽厚，缩短人与人的距离

宽厚的心态不但能缩短人与人的距离，还能在人与人之间营造出温暖。一个人有了宽厚的心态，才能获得友谊、赢得尊重，进而为自己创造出良好的社会氛围。

退出政坛的丘吉尔，有一天，骑着一辆自行车在路上闲逛。这时，也有一位女士骑着自行车，从另一个方向疾驶而来，由于没有刹住车，最后竟与丘吉尔相撞了。"你这个糟老头没长眼睛吗？你到底会不会骑车？"这位女士恶人先告状地破口大骂。丘吉尔对那位女士的恶行并不介意，只是不断地向她道歉："对不起！对不起！我还不太会骑车。看来你已经学会了很久，不是吗？"这位女士的气立刻消了一半，再仔细一看，他竟然是伟大的首相，她感到羞愧难当，喃喃地说道："不……不……您知道吗，我是半分钟之前才学会的……教我学会骑车的就是阁下您。"

丘吉尔的宽厚创造出一个美妙的戏剧效果，不仅让当事人认识到宽厚的幽默，还明白了和谐的重要。从这个故事中我们可以发现，谁拥有一颗宽厚的心，谁就掌握了和谐的先机。有时候宽容比责备更具有力量，人性的柔和之光能让别人受到感染，赢得尊重和理解，从而带来和谐的结局。

在17世纪，丹麦和瑞典发生战争。一场激烈的战役下来，丹麦打了胜仗。在战争结束以后，一个丹麦士兵坐在战场上，取出水壶放到嘴边正准备喝，突然听到哀求的声音。原来在不远处躺着一个受了重伤的瑞典人，正双眼看着他的水壶。"你比我更需要水。"丹麦士兵走过去，将水壶送到伤者的口边,但是瑞典人竟然伸出长矛刺向他,幸好偏到一边,只伤到他的手臂。"嗨!你竟然如此回报我。"丹麦士兵说,"我原来打算要将整壶水给你喝,现在只能给你一半了。"这件事后来被国王知道了,国王特别召见了这个丹麦士兵,问他为什么不把那个忘恩负义的家伙杀掉?他轻松地回答:"我不想杀受伤的人。"一个小小的士兵,能够有如此的胸襟,实在连国王都自愧不如。

　　丹麦士兵丢弃了杀掉对手的想法,给了对手活下去的机会,这样,宽厚的心态更反映出了人性品质的高低。宽厚的心态往往是这样巧妙地折服他人,推动了人与人之间的和谐。

　　宽厚是一扇门,总是悄无声息地让自己走进别人的内心;宽厚是一道阳光,照进因怨恨而充满阴霾的心灵;宽厚是人和人之间的磨合剂,让仇视遁形,让和谐繁育。

魔力悄悄话

　　撇开宽厚这个主题,和谐是根本不可能存在的。和谐是人和人之间的行为标准,如果只有你一个人,是不需要和谐的。那么既然是发生在人和人之间的,就不可避免地会产生矛盾,有了矛盾肯定就需要解决矛盾。

容人是一种智慧的闪光

容忍不是懦弱,而是一种智慧的闪光。

大唐武则天时期,首次开科考武状元,狄仁杰以非凡的才华,夺得了文武双状元,成了一时的风云人物。

但是为官不久,狄仁杰就因为支持恢复李唐政权,因而获罪被流放。途中,他经过一个小县,当地的县令叫霍献可,他最憎恨被朝廷流放的高官,知道狄仁杰由此路过之后,就下令狄仁杰不许停留,马上离开。

狄仁杰苦行赶路,劳累不堪,恳请霍献可让他坐下来歇歇脚,喝口水……霍献可却丝毫不为所动,反而命人带了狗将狄仁杰一直赶出了县境。

从此,狄仁杰恨透了霍献可。

没过多久,狄仁杰回朝做了宰相,他朝思暮想,想着用什么狠毒的法子惩治霍献可,因为他每天只考虑公报私仇这事,就没多少心思放在政事上,武则天吩咐他推荐几个优秀的人才晋职,狄仁杰也没往心里去。

忽然有一天,武则天于朝堂上问起:"狄爱卿,朕让你推荐的人才,可曾想妥当了?"

当时狄仁杰满脑子都琢磨着惩罚霍献可的事,早把武则天交代的事情给忘了,可是朝堂之上,岂是他随便忘事的地方?情急之下,他脱口而出:臣以为霍献可这个人还可以……

因为他脑子里天天想着霍献可,所以张嘴就说出来了霍献可的名字。结果,霍献可就因为得罪了他,竟然一帆风顺地升做了京官。这让狄仁杰后悔莫及,有苦说不出。

这次事件之后,狄仁杰就把矛头转向了娄师德,娄师德这个人不论在当时，还是在历史上，都是一个有争议的人物。曾经有一次，娄师德的弟弟外放出京为官，娄师德就对他面授机宜，告诉弟弟为人之道，就是任何情况下也不可以忤怒别人……弟弟听了，就说："我知道了，以后哪怕是有人把唾沫吐到我的脸上，我自己擦干了，绝不敢生气。"

"不可以，"娄师德警告弟弟，"人家之所以把唾沫吐到你的脸上，是因为对你有气，你将唾沫擦干，人家岂不是更加生气？你应该不要去碰脸上的唾沫，让它自己风干好了，别人心里的气也就自然消了……"

这就是中国历史上著名的"唾面自干"成语的来历，做人无原则到这种程度上，娄师德算得上古来少有。而狄仁杰却最瞧不起娄师德这种全无血性的做法，就上书列了娄师德几大罪状，要求杀掉娄师德。

武则天接到了狄仁杰的奏章，却没有理会。

狄仁杰不肯罢休，就再次上书，接连几次之后，武则天将他带进了一个房间，让狄仁杰自己看一道奏章。

狄仁杰打开奏章一看，顿时呆住了。

那竟是娄师德于朝廷中力排众议，举荐狄仁杰出任宰相的奏章。

原来，娄师德虽然缺少了几分血性，却对国家忠心耿耿，只要发现了对国家有用的人才，就极力推荐，而且推荐了之后从不声张，许多和狄仁杰一道被娄师德推荐的人，因为不知道是谁推荐了自己，所以天天在朝廷上攻击娄师德，娄师德却从不计较……

这两件事情彻底改变了狄仁杰的思想，从此以后，他再也不与人斤斤计较，一心一意以国家为重，成了大唐时代有名的贤臣。

娄师德为什么能够容忍别人对他的攻击呢？

这是因为，娄师德知道矛盾是无所不在的，尤其是人与人之间的矛盾，因为其立场与观点的不同，冲突无所不在。但这其中的绝大多数冲突都是没什么价值的，即使是你赢了对方，也不见得有什么益处，莫不如放弃这些小小的不同，抓住事物的关键，争取时间多做点于人于己更有益的事情。

娄师德的故事表现出一个当政者应有的风范，这种容忍换来的和谐不仅为他自己和他人营造了良好的氛围，也为百姓造福，获益多多。

　　明明知道别人在嘲笑而能一笑置之,明明知道别人在撒谎也能宽容地理解,这样容忍的胸襟很值得我们学习,尤其是权力在手时仍能克制骄奢狂妄,教育自己的兄弟勤勉做人,娄师德的做法告诉我们,你越是处于一个很高的地位,越要注意周围的和谐,越要能够容忍。

魔力悄悄话

　　我们从内心去真诚地理解和谅解别人,反过来别人也会以同样的态度对待我们。宽容和忍让是一种美德、一种境界,是为了和谐必须要遵循的原则。

宽容是一种自我要求

森林中有一条河流,河水湍急,不停地打着漩儿,奔向远方。河上有一座独木桥,窄得每次只能容一人经过。

某日,东山上的羊想到西山上去采草莓,而西山的羊想到东山上去采橡果,结果两只羊同时上了桥,到了桥中心,彼此挡住了,谁也走不过去。

东山的羊见僵持的时间已很长了,而西山的羊仍没有退让的意思,便冷冷地说道:"喂,你的眼睛是不是长在屁股上了,没见我要去西山吗?"

"我看你是干脆连眼睛都没长吧,要不怎么会挡我的道?"西山的羊反唇相讥。

"你让还是不让? 不让开,我就闯。"东山的羊摇了一下头,那意思是:看到没有,我的犄角就像两把利剑,它正想尝尝你的一身肥肉是否鲜美呢。

"哼,跟我斗,没门!"西山的羊仰天长咩一声,便低头用犄角去顶东山的羊。

"好小子,我看你是不想活了。"东山的羊边骂边低头迎上西山的羊。

"咔!"这是两只羊的犄角相互碰撞的声音。

"扑通!"这是两只羊失足同时落入河水中的声音。

森林里安静下来,两只羊跌入河中以后淹死了,尸体很快就被河水冲走了。

这两只山羊如果互相忍让,各退一步,就会避免同时掉入河中的厄运。即使能够避免这样的结果,争执也是一件令人伤神费力的事情。

有一天,狮王突然生病了,动物们知道后都纷纷赶来探望。

狼是马屁大王，它想现在机会来了，于是第一个赶到狮王的洞里，并带来它刚从农夫那里抓来的一只肥胖的母鸡，作为孝敬狮王的礼物。

狮王很高兴，对随后赶到的动物们说："狼是我朝的第一大忠臣，它对我的孝心、忠心，你们都有目共睹，今后，你们都要向它学习。"

"是，尊敬的大王。"众动物们虽然对狼不满，但慑于狮王的威风，都不敢对狼如何。

"尊敬的狮王，乌龟早就对你有二心，你看，到现在它还没来看你呢！"狼开始搬弄是非。但这句话被刚刚赶到的乌龟听到了，狮子立即对乌龟怒吼起来。

"尊敬的大王，我之所以来迟了，是因为我听到你生病的消息后，便急着四处寻医问药，想找到一个良方为你治病。"乌龟为自己辩解道。

"这么说你倒是对我最忠心的人，快把良方献出来。"狮子转怒为喜。

"大王，这是我从人类那里得来的一个秘方，告诉我的人据说还是华佗的后代。"乌龟说。

"快，快献出来。"狮王乐得手舞足蹈。

"秘方里说要治好大王的病，就必须剥下一只狼的皮，趁皮还热乎的时候，包住你的身体，大王的病立刻就会好起来。"

狼立刻被捉住，活剥了皮。

狼只想着对别人使圈套陷害别人，最后却落入了他人设计的圈套中。用伤害他人的方式来换取自己的利益，往往得不偿失。如果我们能够待人宽厚一些，我们的生活就可以多一些从容，多一些和谐。

从前，有一个工匠，与许多人坐在一棵大树下乘凉，感叹某一个人的道德品行都很好，只是有两个缺点：一是喜欢发怒，二是做事冒失。

碰巧，这个人刚好从这里经过，听到了这些话，他气得直冒火，径直冲了过去，抓住那个工匠，举手便打。

"你为什么打他？"旁边的人问道。

这个人回答说："这个人说我喜欢发怒，做事冒失，这纯粹是无稽之谈，难道我不应该打他吗？你们说，我什么时候喜欢发怒，做事冒失？"

旁边的人对他说："你喜欢发怒、做事冒失的面目，此时此刻已经暴露无遗了，为什么还要隐瞒呢？"

这个故事形象地告诉我们，我们首先应该对自己有所认识和要求，而不是一味地要求别人顺从自己的意愿。

魔力悄悄话

处处争强好胜，便会处处碰壁，不懂宽厚，就会带来诸多恶果，这样的结果是大家都不愿意得到的。要求自己向后退一步，就能避免很多不必要的悲剧。

养成宽厚的心态

　　既然宽厚的心态对创造和谐来说这么重要,那么宽厚的心态是怎么养成的呢?

　　要养成宽厚的心态,首先就要认识到,人是不可能完美的,每一个人总会有这样那样的失误,总会犯一些错误。现在请你认真回想一下,有没有做过一些令你后悔或是羞愧的事情? 肯定有。

　　既然自己会犯错误,别人也不例外,人和人都是一样的,那么在对待别人的这些错误时,就应该抱着宽容的心态,不要抓住不放,甚至故意把事情的性质升级,强加给对方更严重的罪名。

　　不仅错误人人会犯,而且人性本身就是有缺陷的,是不完美的,这是谁也没有办法改变的事情。比如自私,那是人类固有的欲望在起作用;比如胆怯,那是人性中谁也不能回避的一种潜意识。

　　明白了这一点,就不要对别人求全责备,不能只看到别人的缺点而看不到优点,在对待别人的错误时,要多一些体谅,站在对方的立场上想一想,他这样做,肯定是有自己特殊的原因,如果是你遇到同样的处境,会不会作出类似的举动。

　　裴行俭是唐朝一名大臣,他曾经带领军队平定都支遮匐,缴获了无数的宝物。战后举行庆功酒宴,少数民族的将领和士兵们都来看这些宝物,裴行俭就把宝物摆出来一一给士兵们把玩欣赏。

　　其中有一个玛瑙盘最为引人注目,直径约为二尺,五彩斑斓,煞是好看,士兵们都爱不释手。有个士兵捧着它看的时候,一个不小心跌倒了,只听"啪"的一声,玛瑙盘掉在地上摔了个粉碎。

这个士兵当时吓得脸色都白了，跪在裴行俭的面前磕头求饶，连头都磕出血来。

裴行俭连忙叫他起来，微笑着说："快起来，不就是一个破盘子嘛，有什么了不起的。再说，你又不是故意的，别怕。"

可想而知，裴行俭这种不惋惜的态度给了这个士兵多大的安慰。在这里，裴行俭的心态很平和，他知道，失手打破东西是难免的，谁都曾经历过，并非不可饶恕的大罪。不管盘子多珍贵，但无心之失没有必要大加惩罚。于是，和谐的局面就产生了，士兵对他肯定是感恩戴德，我们有理由相信，在以后的与敌作战中，这个士兵一定会奋不顾身英勇杀敌来报答裴行俭的。

如果裴行俭没有宽厚的心态，对这件事大发雷霆，那结果就不这么美好了。首先，这个士兵受到惩罚也挽回不了盘子已经摔碎的事实，这样做没有任何意义。其次，士兵们的心里就会感觉这个将军把物品看得比士兵还重要，将士之间会产生无形的隔阂，这就导致了不和谐的局面。

无独有偶，宋朝的大臣韩琦也经历过类似的事情。

韩琦自幼聪明好学，才华横溢，18岁就考中进士，官职一路高升，一直做到安抚使。发生饥荒的时候，韩琦想尽办法救济灾民，190多万人因他的帮助而逃脱死亡。后来又发生水灾，韩琦又救活了逃难流浪的700多万人。有人献给韩琦两只玉杯，这两只玉杯人所罕见，乃绝世之宝。韩琦很喜爱，每逢宴会宾客，必定将这两只玉杯拿出来请宾客观赏把玩。有一次宴会上，他手下有个差官一不小心把桌子碰了一下，结果两只玉杯都滑到了地上摔碎了。宴会上所有的人都大惊失色：这可是两个绝世宝贝啊，一下子全都没了，一个也没剩下，韩琦肯定要大怒。那个差官也吓得面无人色，跪倒在地请求以死谢罪。韩琦笑着对他说："宝物和人一样，寿命是有定数的，这是它自身的定数到了，怪不得你，就算是没有你，它今天也会遇到别的意外。再说，你又不是故意的，何罪之有？"差官简直不敢相信自己的耳朵，其他的宾客听了，也都为韩琦的宽宏大量大感意外，佩服不已。

　　韩琦并不是借这件事故意标榜自己，做表面文章，事实上，他一直都是这样对待别人的。韩琦在大名府当知府时，下属路秬呈上公文，末尾忘记署名。韩琦看完公文后，用衣袖盖住文件，抬头与路秬谈话。讲完后，从容地将文件交还。路秬退下后才发现自己犯了不小的失误，一面自己深深责备自己，另外一方面又为韩琦的宽厚感动。后来韩琦到山东武定府做统帅，一天晚上他给别人写信，当时没有电灯，写信都是点着蜡烛。由于条件简陋，没有烛台，就叫一名士兵举着蜡烛站在自己旁边照明。

　　可是在士兵不留神的时候，蜡烛一下子烧着了韩琦的胡子。韩琦丝毫没有介意，连头也没有抬，只是用袖子拂拂了一下胡须，就继续埋头写信。

　　写了很久，抬头一看，原来的那个士兵已经不在了，换了一副新的面孔。韩琦担心手下的官员惩罚那名士兵，就故意说："刚才给我举蜡烛的士兵呢？赶紧去把他叫来，不许为难他，他现在已经学会怎么举蜡烛了，你又给我派个新手。"不久，又有一名士兵私自逃回家中看望母亲，过了好几天才回到营中，按照当时的规定，这是要砍脑袋的。韩琦听说了这件事，就问这个士兵为什么要私自回家。士兵说："我的母亲年老多病，身体已经不行了，我常常担心以后再也不能见到她了，再加上我家住得不远，虽然知道私自回家是要杀头的，但能再见老母亲一面，虽死也没有什么可遗憾的了。"韩琦听后非常同情和理解他，经过调查发现他说的是事实，就释放了他不再治罪。其他的士兵知道后，都感动得流下眼泪来。

　　韩琦做了宰相以后，买了张氏做小老婆。张氏长得很美，却总是流露出忧伤之色，而且还掉下了眼泪。韩琦知道她肯定有为难之处，就问她，张氏却不肯说。于是韩琦说道："既然你不愿意把真心话告诉我，那么我也不需要你这样的小老婆了。"

　　接着就要把卖身契烧毁，并要将张氏遣返回家。

　　张氏这才说道："我原本是修职郎郭守义的妻子，他去了湖南做官，却遭到小人的排挤陷害，被弹劾丢官。现在已经是深秋，冬天转眼就到，我一个妇道人家没有别的办法，怕公婆和孩子会冻死饿死，因此愿意出卖自己，换来一家人的活命。"

　　韩琦很可怜她，就留下卖身契，给张氏钱让她回家，并且让她转告郭守义,如果真的是被人陷害,可以向朝廷申诉,冤情得雪后,可以到韩琦的手下任职。

郭守义后来果然得以申雪冤情,又被任命为官,到淮右上任去了。张氏来找韩琦,完成自己的承诺,嫁给他当小老婆。韩琦却不和她见面,派人对她说:"你以后要好好帮助郭守义做官,教育好子女。"又给她钱让她回到郭守义的身边。

张氏感动得痛哭不止,对着韩琦家的大门百般跪拜才离去。

在韩琦的这几个故事中,韩琦充分认识到了别人的错误是无心的,并不全是他们自己的责任。

摔碎玉杯,是失手而已,谁都可能会犯这样的错误;下属的公文没有署名,只是一时疏忽,满腹心思都用在了正文上,细微之处不必苛责;蜡烛烧了胡子,也绝对不会是故意的,况且长时间举着蜡烛,胳膊难免会累;士兵私自回家,是至孝之举,人之常情,完全可以理解;而张氏一事,韩琦不愿意拆散可怜人家的家庭,用自己宽广的胸襟成全了别人的幸福。

韩琦就是这样事事站在对方的立场上为别人着想,他很懂得,有的错误是谁都会犯的,无心之过谁也避免不了,应该给别人改正的机会。也懂得有的缺陷是人的本性,并不是自身的意愿就能克制的,因此,他才能用宽容的心态来对待别人,从而创造了皆大欢喜的和谐结局。

魔力悄悄话

不要对别人求全责备,不能只看到别人的缺点而看不到优点,在对待别人的错误时,要多一些体谅,站在对方的立场上想一想,他这样做,肯定是有自己特殊的原因,如果是你遇到同样的处境,会不会做出类似的举动。

嫉妒冲淡和谐

对别人的不嫉妒,往往也是对自己的宽容,也是促使事情达到和谐的一个过程。

西方人说"嫉妒是万恶之源",这话不无道理,对和谐来说,嫉妒之心是和谐的大敌,它能摧毁你的理智,使你做出难以理解的事情来。

西晋时,贾充的妻子生了一个儿子,由奶妈照料。有一天,贾充回府的时候,奶妈正抱着儿子在院子里玩耍,贾充就过去逗了逗儿子。却不想,贾充的妻子恰好看到了这一幕。

贾充的妻子认为,这是奶妈在假借儿子勾引自己的丈夫,就命人将奶妈拖出去活活打死了。

不料,贾充的儿子只喝奶妈的奶,奶妈死后,儿子也活活饿死了。贾充的妻子因为不可理喻的嫉妒心作祟,伤害人命,连累得自己的儿子也送了命。

嫉妒之心是伤害我们自身的最大的负面力量,古往今来这样的教训比比皆是。

明朝的时候,有一个姓冯的妇人,生了一个叫多儿的孩子,多儿聪明又伶俐,见到他的人都夸奖这孩子聪明。但是同一个村子里,除了多儿之外,还有一个叫可儿的孩子,其聪明的程度与多儿不相上下,人们常说,可儿的聪明排第一,多儿的聪明排第二。

冯姓妇人忍受不了可儿比自己的儿子更聪明的现实,于是就心生一条毒计，做了一张香喷喷的面饼，饼中掺进了剧毒药物砒霜，乘可儿独自在她家门口经过的时候，叫住可儿，笑眯眯地把面饼给了可儿。心里想到可儿吃了毒饼之后，就再也没有人比自己的儿子更聪明了，她的心里就乐开了花。

正当这狠毒的妇人坐在家里等待好消息的时候，却突然有人跑来告诉她，她的儿子多儿被毒死在一条臭水沟里……

听了这个消息，冯姓妇人如受雷击，急忙赶去，果然，看到自己的亲生儿子口吐白沫，死在臭水沟里。

原来，多儿和可儿这两个孩子一向要好，当冯姓妇人将一张毒饼给了可儿之后，可儿却又把这张饼给了多儿吃，孩子哪里知道大人的心计是如此歹毒，结果却葬送了多儿的性命。

只因嫉妒之念，冯姓妇人毒死了自己的亲生儿子，而且又被衙门捉了去，秋后处斩。推究起来，冯姓妇人落到这种地步，纯粹是咎由自取，无可怜悯。

一般来说，嫉妒之心容易在心胸狭窄的人心中产生，这类人心眼褊狭，目光短浅，看不得别人比自己更强，而且往往不是通过正当的手段努力超过人家，而是想尽办法贬低别人，甚至伤害别人。

同样的，虚荣心过强的人也易于产生嫉妒，因为这类人过于轻浮，爱面子却又不切实际，别人的发展与成功于他而言是一种"尊严"上的侵犯，因而也就无法容忍别人。

贪婪的人更易生出嫉妒之心，因为贪婪，所以占有的欲望就极为强烈，期望值也特别高，但却不愿意为此付出必要的劳动，更不考虑自己是不是有那样的能力，只是一门心思期望获得。一旦发现自己期望的东西被别人得到，就无法压抑自己的嫉妒之心，甚至会做出毫无理性的事情来。

所以我们对嫉妒的心理应该及时加以纠正，改变脑海产生的这种想法。对别人不嫉妒，往往也是对自己的宽容，也是促使事情达到和谐的一个过程。

有个人非常幸运,他遇见了上帝,上帝对他说:从现在起,我可以满足你任何一个愿望,但有一个条件,就是我必须给双份于你的邻居。

那人听了非常高兴,随之又皱紧了眉头,心想:如果我得了一箱金子,那他就要得两箱金子;如果我得了一份田产,那邻居就要得两份田产;最让我不能接受的是,如果我得了一位绝色美女,而那个至今还打着光棍的邻居,却同时拥有两位绝色美女。

那人绞尽脑汁想来想去,依然没有想出一个好的对策。最后,他咬咬牙对上帝说:"万能的主啊!请挖去我的一只眼珠吧!"

这个人的嫉妒已经到了丧心病狂的地步,他只能看到别人比自己更悲惨,而见不得别人比自己更幸福。这种嫉妒对人无利,对自己也是种莫大的摧残。

对我们而言,克制嫉妒心理产生最有效的方法就是不断地努力,尽一切可能与人为善,除非你接受别人的成功,愿意在这个过程中与成功者分享快乐,那么你才有可能得到快乐。

魔力悄悄话

如果无法控制嫉妒的心理,那么我们自己就会演变成为一团熊熊燃烧的邪恶之火,这团火固然会伤害到别人,但我们自己所遭遇到的伤害才是毁灭性的,只有和谐的心理才有可能帮助我们摆脱嫉妒这条毒蛇的纠缠,除此之外,别无良策。

拔出嫉妒的刺

苏格拉底带他的学生打开了一座神秘的仓库。这仓库里装满了很多奇异的宝贝。仔细看，每件宝贝上都刻着清晰可辨的文字，分别是：骄傲，嫉妒，痛苦，烦恼，谦虚，正直，快乐……

这些宝贝非常漂亮，让人爱不释手，学生们看到什么就拿什么，直到把自己的口袋装满为止。

可是，在回家的路上，他们才发现，由于口袋里装满了宝贝，背起来感觉很沉。没走多远，他们便气喘吁吁，两腿发软，脚步再也无法挪动。

"孩子们，后面的路还长呢，我看还是丢掉一些宝贝吧！"苏格拉底说。学生们恋恋不舍地在口袋里翻来翻去，不得不咬咬牙丢掉"嫉妒"和"仇恨"两件宝贝。但是，宝贝还是太多，口袋还是太沉，年轻人不得不一次又一次停下来，一次又一次咬着牙丢掉一两件宝贝。"骄傲"丢掉了，"烦恼"丢掉了，"痛苦"丢掉了……口袋的重量虽然一下子轻了许多，但年轻人还是感觉到特别沉，双腿像绑上了很重的石头。"孩子们，你们再在口袋里找一下，看还能够把什么扔掉。"苏格拉底又一次劝道。

学生们终于把沉重的"名"和"利"也翻出来丢掉了，口袋里只剩下了"谦虚""正直""快乐"……一下子，他们感到说不出的轻松和快乐，脚上仿佛长了翅膀。

"啊，你们终于学会了放弃！"苏格拉底长长地舒了一口气。

先哲的智慧能穿越时空依旧熠熠闪光，他告诉我们，舍弃嫉妒，你才能轻松地走完人生之路，不用承受沉重的心灵枷锁。

古时候,有个叫周谷的画师非常会画虎,方圆几百里的人都来买他画的虎。

后来,买周谷的"虎"的人越来越少了。他一问才得知,有一个外乡人也来到了这里画虎,他画的虎比周谷的更加逼真。

于是,周谷混在人群里,去看那个外乡人画的虎,果不其然,那人画的虎不光外表像,而且还透出一股灵气。

周谷回到家中,便收拾行李离开了故乡。三年后,周谷突然回来了,他回到家中,就画了一幅《下山虎》送到那个外乡人家里。

外乡人见到这栩栩如生的老虎就如同真虎一般立在自己面前,脊梁骨阵阵发寒。赶紧前往周谷家中,欲拜周谷为师。

人们很奇怪,问周谷为什么三年不见,回来便能把虎画得如此好了呢?周谷说:"外乡人千里迢迢来到这里以画虎为生,肯定不会将技巧传授给别人。所以我就跑到深山里,天天观察老虎的生活,记下它们的一举一动,时间长了,画出的老虎自然就形神兼备、栩栩如生了。

懂得和谐的人,就应该向周谷一样,当看到自己不如别人时,不用嫉妒的刺去伤害对方,而是努力去提高自己,用对方的成绩来为自己树立一个目标,让它激励自己迎头赶上。

魔力悄悄话

舍弃嫉妒,你才能轻松地走完人生之路,不用承受沉重的心灵枷锁。

报复心害人害己

仇恨是一道枷锁，它所带来的，是双方沉重的痛苦。试着选择原谅吧，使自己轻松，同时成就别人，和谐就是这样到来的。

有一只鸭子在谷仓边不小心踩到一只公鸡的脚，公鸡恼怒地说："我要报仇！"说完便扑向这只鸭子。可是就在同时，它的翅膀打到了旁边的一只母鹅。

母鹅也很生气，认为公鸡是故意打它的，于是对公鸡说："我要报仇！"说完就扑向公鸡。扑过去的时候，它的脚不小心拨乱了猫的毛。

"我要报仇！"猫儿喵喵地叫着，然后奔向母鹅。可是就在它奔过去的时候，它的脚碰到了一只山羊。

"我要报仇！"山羊咩咩地叫着，便向猫撞过去。但就在这时有一只牧羊犬从那儿走过，被山羊撞倒了。

"我要报仇！"牧羊犬大吠一声，便横冲直撞地追向山羊。它跑得飞快，因为闪避不及和门边的一头母牛撞了个满怀。

"我要报仇！"母牛也怒吼起来，开始追牧羊犬。但这条牧羊犬在一匹马屁股后头跑，这头母牛在慌乱之中，不小心踢了马一脚。

"我要报仇！"马也嘶鸣起来，冲向母牛。

由此，农场爆发了一场混战！家禽牲畜们相互追逐着都要报仇。而这一切混战的起因只是从这只鸭子意外地踩到公鸡的脚开始的。

农夫听到骚乱声，马上跑出来，气得把这些动物统统关到各自的笼子或栏圈里。它们自由自在的好时光就这样结束了，而这都因为它们太在意一个无关紧要的小过错。

　　我们有的时候就和这些动物一样,总容易把一点儿微不足道的伤害看得过于严重,因为一件小事耿耿于怀,甚至暴跳如雷。

　　报复最大的受害者首先就是自己,我们自己首先破坏了和谐,生活在一片狼藉的心情状态中。

　　古希腊神话中有一位大英雄叫海格立斯。一天他走在坎坷不平的山路上,发现脚边有个袋子似的东西很碍脚,海格立斯踩了那东西一脚,谁知不但没有踩破那个东西,反而使它加倍地膨胀、扩大。海格立斯非常恼怒,举起一根粗壮的木棒向它砸去,那东西竟然长大到把路堵死了。

　　正在这时,一位圣人从山中走了出来,他对海格立斯说:"朋友,快别动它,忘了它,离开它远去吧! 它叫仇恨袋,你不犯它,它便和最开始时一样小,你侵犯它,它就会膨胀起来,挡住你的路,与你敌对到底!"

　　仇恨就是这样,你越是在乎它,想着它,它就会变得无比沉重和巨大。当你真正放下了仇恨时,你会感受到从未有过的轻松。

魔力悄悄话

　　生活总有磕磕碰碰,我们会经历很多的人、很多的事,这其中当然也会包括一些不如意的。原谅伤害过我们的人,然后继续上路,对别人,对自己,都是一种解脱。

克服报复之念

吕蒙正官至宰相,由于他是从社会的最底层出来的,饱尝过艰辛的滋味,因此很能理解别人的痛苦,对待别人也多以宽厚为怀。

当时有一位官员和吕蒙正不和,就常常对别人大放厥词,说吕蒙正的坏话,有一次甚至指着吕蒙正的背后说:"此子也配参政?"意思是说,你吕蒙正算什么东西,哪有资格坐在宰相的位置上。

吕蒙正装作没听见,头也不回地朝前走。别的官员有的实在看不下去了,就对吕蒙正说了这事,并问:"你想不想知道刚才说你坏话的那个人叫什么名字? 想知道的话我就告诉你。"

吕蒙正说:"我不想知道他是谁。如果知道了是谁,那心里就一直会惦记着这个人,还不如不知道来得省心。"

此事不久之后,有人向吕蒙正揭发蔡州知州张绅贪赃枉法,吕蒙正就把张绅免了职。张绅暗地求人向皇上进谗言说:"陛下,张绅家里富足,有的是钱,哪里有必要再去贪赃? 以前那个吕蒙正贫穷的时候曾经向张绅要钱,张绅没有给他,他就怀恨在心,这次是他寻机报复人家。"

吕蒙正丝毫没有为自己辩解,皇上就让张绅官复原职。后来其他官员审案时查出了张绅收受贿赂的证据,皇上这才知道冤枉了吕蒙正,而吕蒙正只是淡淡地说了句"知道了",丝毫没有放在心上。

温仲舒是吕蒙正的同窗好友,与吕蒙正同时中举,后来因犯事被贬。吕蒙正当上宰相后,向皇上举荐了他,因而温仲舒得以担任京官。可是这个温仲舒十分不仗义,他为了显示自己就常常在皇上面前贬低吕蒙正,甚至在吕蒙正和皇上的意见不一致时落井下石,当时有很多人都看不起他。

而吕蒙正却装不知道,照样在皇上面前夸奖温仲舒的才能,连皇上也觉得温仲舒太过分,就问吕蒙正:"温仲舒老是在我面前说你坏话,你却还老这么夸他,为什么啊?"

吕蒙正却说:"陛下,你让我担当这个职位,就是知道我能推荐有才干的人,所以我只管向你推荐人才,至于他说我的坏话,不是我分内的事情,我管不了。"

皇上听了哈哈大笑,从此以后更加信任吕蒙正了。

吕蒙正也是一个非常宽厚的人,他对别人伤害自己的事情,都是装作不知道,甚至是不想知道,因为在他看来,记住别人的仇怨是一件很痛苦的事情,还不如不知道来得轻松。更重要的是,报复毫无用处,只能破坏和谐,影响大局。

魔力悄悄话

原谅本身就是一种自我克制,没有什么比陷入突如其来的怒气中更能造成灾难的了,而习惯性的自我克制能带来平静和财富并免除激烈的争执。原谅别人,放弃报复,和谐才会随之而来。

与人交往要乐观

在与人的交往中,我们自己首先要有健康乐观的心态。好斗、抱怨、自私、悲观、懦弱,这些不良的心态都是阻碍和谐的敌人。

蛇常年生活在原野里,不但要辛苦地寻找食物,还要忍受恶劣的自然环境。终于有一天,蛇决定搬到人的家里去住。因为人的家里夜晚温暖,白天凉快,而且人的家里还有它最喜欢的老鼠,用不着四处寻找食物,简直如天堂一般。

于是它立刻离开原野,搬到村里的铁匠家。

刚到这里,它对所有的东西都感到新奇,满怀着期待的心情,在铁匠家里四处游逛起来。

它来到铁匠的桌台上,发现那里躺卧着一条和自己长得很像的蛇,可是仔细一瞧,这条蛇既没有蜷成一团也不抬起脖子,只是随便地伸展着身子躺着。蛇没有想到会被别人抢先一步,大失所望,但是既然来到这里,它就不想再走回头路了,它决定把这条蛇赶出去,自己独占这个家。于是它蜷曲起来,然后高高昂起脖子,露出尖利的牙齿,可是对方看了却没有任何反应,依然静静地躺在那里。于是,它抢上一步咬住了对方。

它一咬再咬,那家伙的鳞片发着乌黑的亮光,却硬得令它难以相信,再怎么张牙,对方都毫无反应。它那对重要的尖牙在一咬再咬的过程中逐渐毁损了,这也难怪,因为对方根本就不是蛇,而是一把蛇形的长条铁链。

没过多久,这条可怜的蛇就把自己的牙齿磨掉了。

好斗的蛇把一根铁链当作敌人,因为它的好斗,和周围的环境格格不入,不能和谐地生存。

好斗的人总是对别人抱着敌意,并以冲突为乐趣,这样的人,只会被大家敬而远之,永远也不会融洽地和人相处。

有一个青年总是抱怨自己时运不济发不了财,终日愁眉不展。这天,他无意中遇到了一个须发俱白的老人,老人见他愁容满面,便问他:"年轻人,你为什么这样不开心?""我不明白,为什么我总是那么穷。"年轻人说。老人由衷地说:"穷? 你很富有啊!"年轻人问道:"富有? 我怎么不知道? 这从何说起?""假如今天斩掉你一根手指头,给你1000元,你愿意吗?"老人没有回答,反而问道。"不……"年轻人回答道。"斩掉你一只手,给你1万元,你愿意吗?"老人继续问道。"不愿意。"年轻人肯定地回答道。"让你马上变成80岁的老人,给你100万,你愿意吗?""不愿意!""让你马上死掉,给你1000万,你愿意吗?""当然不!""这就对了。你已经有超过1000万的财富了,为什么还衰叹自己贫穷呢?"老人微笑着说。年轻人恍然大悟。

老年人以乐观的心态从另一个角度来分析和看待事物,年轻就是财富,这就是本钱。

因为乐观,所以看待问题都能看到美好的一面,不会因此丧失信心,不会消极地逃避,而是积极地参与和融入,这种乐观的心态是和谐的前提。下面的这个故事更能说明这一点。

有个大臣因智慧超群而深受国王宠幸。

智慧大臣有一个不同寻常的特点:对待任何事情,他都保持积极乐观的态度。也正是由于这种态度,他为国王解决了不少难题,因而深受国王的器重。

国王喜欢打猎,在一次围捕猎物的时候,不慎弄断了一截手指。国王疼痛之余,马上叫来了智慧大臣,征询他对意外断指的看法。智慧大臣仍轻松自在地对国王说,这是一件好事,并劝国王不要为此事而烦恼。

111

国王听了很生气，认为智慧大臣是在取笑他，即命侍卫将他关到监狱。

待断指伤口愈合之后，国王又兴致勃勃地忙着四处打猎。不幸的事终于发生了，他带队误闯邻国国境，被埋伏在丛林中的野人捉住了。

按照野人的惯例，必须将活捉的这队人马的首领敬献给他们的神，于是便将国王押上祭坛。

当祭奠仪式开始时，主持的巫师突然惊叫起来。原来巫师发现国王断了一截手指，而按他们部族的律例，献不完整的祭品给天神，是要遭天谴的。野人赶忙将国王押下祭坛，把他驱逐出去，另外抓了一位大臣祭神。国王狼狈地逃回国，庆幸大难不死。忽然想起智慧大臣所说的断指也许是一件好事，便马上将他从牢中释放出来，并当面向他道歉。

智慧大臣和往常一样，仍然保持着积极乐观的态度，笑着原谅了国王，并说这一切都是好事。

"说我断指是好事，现在我能接受；但如果说因为我误会你，而把你关在牢中，让你受苦，你认为这也是好事吗?"国王不服气地质问。

"臣在牢狱中，当然是好事。陛下不妨想想，今天我若不是在牢中，陪陛下出猎的大臣会是谁呢?"智慧大臣笑着回答。

的确，**乐观是一种智慧，拥有它的人，能更多地享受生活的美好。**

拥有积极心态的人，必定是一个阳光的人，热爱生活的人。拥有了积极心态，也就拥有了快乐人生。让我们以乐观的心态，面对学习和生活，笑对人生吧!

魔力悄悄话

成功者始终以积极的思考、乐观的心态去支配和控制自己的人生，面对挫折，泰然处之。成功属于准备好的人，属于脚步不停的人、坚持的人，更属于脚步飞快的、乐观的人。

培养阳光的心态

学会信任别人,同时也赢得别人的信任,人和人之间的感情就会真挚和美好,这是和谐产生的基础。

猜疑是一种阴暗的心理,它是好斗寄生的土壤。当一个人习惯于在猜疑中生活时,势必会影响和人交往的和谐。

一个热情的乡下人请一个慈善捐赠收集者到家里过夜。他还没到教堂去做晚祷的时候,主人惊奇地发现他将装钱的小箱子上了锁。主人很气愤,在上面又加了一把锁。

"你往我的箱子上加一把锁干什么?"他感到很奇怪。

"一把锁吗?应该是两把。"

"有一把是我的。"

"你锁它干什么?"

"哦——你知道……我离开家……在陌生人家住……要当心……如果有人从箱子里拿东西……"

"哦!我的想法跟你一样。"主人说,"你知道……陌生人住在家里……值钱的东西……要当心……如果有人往箱子里放东西……"

人和人相处,如果只有猜忌,只会加深相互间的隔阂。如果用乐观的心态去接受别人,双方都会朝着和谐的方向发展。

在火车上,旅客甲的手帕不见了。他硬说是坐在旁边的旅客乙偷走了。对此,无论旅客乙怎么辩解,旅客甲始终不相信,并且还差点大动干戈。

可是,过了一会儿,旅客甲在里边的口袋里找到了那块手帕。

于是,他很不好意思地向旅客乙道歉。

旅客乙接受了他的道歉,并且很冷静地回答道:"没有关系,刚才我把你当成一位绅士,而你把我当成一个小偷。看来,咱们都错了。"

学会信任别人,同时也赢得别人的信任,人和人之间的感情就会真挚和美好,这是和谐产生的基础。

信任的反面是猜疑,是对别人无端的不信任。这种不信任无端地煎熬着自己,也损害了自己在别人心目中的形象。

或许现在还有人记得张宏义杀妻血案,这件事曾轰动一时。究其原因,正是因为张宏义无法克制内心的猜疑,才亲手葬送了自己的温暖家庭。

20世纪90年代初期,张宏义承包了村子里的鱼塘,成了养鱼专业户,他不辞辛苦,风里来雨里去,终于获得了鱼塘的大丰收,他也因而成为了远近闻名的万元户,各家报纸都对张宏义的事迹进行了报道,他也成为人尽皆知的焦点人物。

就在这时候,他新婚不久的妻子为他生下了一个大胖儿子,张宏义顿时沉浸在了无边的幸福之中。

如果这样生活下去,张宏义只会继续博得世人的羡慕,但是没有人注意到的是,就在这温暖而幸福的深处,却慢慢地燃烧起了嫉妒的毒火。

有一天,张宏义正在鱼塘里忙着,听着路边有人聊天,说是张宏义的儿子特别像村里的支书。

张宏义顿时陷入了猜疑之中:怪不得支书对我养鱼大力支持,晚上的时候还经常来我的鱼塘看看……原来他只是为了看我在不在鱼塘,目的是……

这种想法一旦产生,张宏义就再也无法忍受下去了,他开始变得心不在焉,经常半夜的时候突然返回家,一旦妻子开门晚了,他就大吵大闹,说是妻子背着他偷人。为了这个和美的家庭,妻子忍辱负重,同他讲道理,但是张宏义却一句也听不进去,在他看来,妻子的这种表现是做贼心虚,是想对他隐瞒事实真相……

就这样两年过去了,张宏义再也无心经营鱼塘,塘里的鱼全部死光了,而他却固执地纠缠着妻子闹个不休,一定要让妻子承认和别人"通奸"的"事实",终于,他的哥哥张宏德看不下去了,出面劝说弟弟,这又引起了张宏义心中的无端猜疑:我们两口子的事情跟他有什么关系? 莫非,他也和我老婆有……

哥哥好心劝说,却被泼了一头脏水,一气之下,张宏德索性不管弟弟的家事了。

而张宏义的妻子忍受不了了,就提出来去城里的医院做亲子鉴定,对这一建议,张宏义断定,妻子这样做的目的正是做贼心虚,他才不相信什么亲子鉴定呢……

亲子鉴定的结果证明,张宏义与孩子有着直系的血缘关系。这个结果却让张宏义的心中疑云再起,那个医生为什么要忙着为自己的老婆说话? 莫非自己的老婆也和他有着……

这时候大家都已经意识到张宏义的思维明显有点反常了,就要求他去城里治疗,这时候张宏义突然变得温和起来,他流着泪向妻子道歉,请求妻子原谅他的过失……妻子哭着接受了他的道歉,并原谅了他。

这个善良的女人万万没有想到,事实上张宏义丝毫也没有改变,他已经在猜疑之心的逼迫之下,走向了最后的疯狂。

那一夜,是小山村中有史以来最为恐怖的一个夜晚,张宏义的妻子、孩子、哥哥以及几个无辜的村民都丧命于张宏义的斧头之下,而他自己,也在制造了血案之后逃入深山,途中跌下了岩沟活活摔死。

原本是一个幸福的家庭,只因为当事人张宏义没有能力约束内心愈来愈失控的猜疑,最终沦为了杀人的魔鬼。

张宏义的故事是一个极端,对于大多数人而言,纵然是有些许的猜疑之心,也不会那么容易发展到这种地步。

但是,猜疑就是猜疑,猜疑与洞察人性的准确判断不同,洞察人性的判断是一种积淀了无数人生阅历的智慧；而猜疑，却是葬送我们和谐人生的最可怕的黑色力量，一旦我们为其所主宰，那么我们就永远也无法体会到和谐的意境，相反，我们的内心时刻会受到仇恨之火的煎熬，直到让这团火彻底将我们的幸福断送为止。

只有阳光的心态能将一个透明心情呈现给世人，让人们对我们的内心一览无余，正所谓倚天照海花无数，流水高山心自知，儒家哲学讲究"君子慎独"，这一原则的提出正是基于社会生活的常态。

大唐天宝年间，节度使安禄山谋乱造反，兵取长安，唐玄宗带着杨贵妃仓皇逃走，于马嵬坡下，"六军不发无奈何，宛转蛾眉马前死。"杨贵妃香消玉殒，连带着整个大唐江山陷入了风雨飘摇之中。

这时候，郭子仪率先起兵，经过连年征战，终于平息了叛乱，恢复了天下的清明，而郭子仪的地位，也水涨船高，终至一人之下，万人之上，其功名显赫，令人羡慕。甚至继位的唐肃宗为了表明对老臣郭子仪的感谢，还将女儿嫁给了郭子仪的儿子郭暧。

但是，郭子仪的居家生活却全无丝毫尊严可言，他家的大门每天敞开着，士兵们进进出出，郭子仪的妻子女儿晨起洗脸用餐，旁边就是一群站着看热闹的粗汉大兵，而郭子仪的妻子女儿就随时招呼这些串门的大兵们替她们端一下洗脸水，或是递一下梳子，总之是全无权贵人家的派头与尊严。

因为这件事，当时人们都在背后嘲笑郭子仪，而郭子仪却无动于衷。可是郭子仪的儿子和女婿们却受不了人们这样议论，于是就请求郭子仪注意一下家里的尊严，至少别让那些大兵们跟逛马戏团一样天天来家里看热闹，可是郭子仪却全不理会。最后，郭子仪的儿子和女婿们全都忍受不下去了，就跪在郭子仪的面前请求："父亲，说到底你也是一人之下，万人之上的人物，即使是寻常人家，也要讲究一个排场，可是咱们家却人来人往，进进出出，宛如车马大店一样，连女眷们的日常起居都在闲人的眼皮子底下，这让我们多么难堪啊。"

这一次，郭子仪把他们叫进屋子里，对他们说了一番话。

郭子仪说："你们难道真的不明白吗？人生在世，最忌的是谗言诽谤，但凡有一点儿捕风捉影,一旦你正处在瓜田李下,那就永远也说不清楚了,平常的小人物尚且难以躲避谗言诋毁,更何况我郭子仪呢?现在我统领军队,靠我吃饭的人数多达几十万,如果我关上门,高堂深院,人所不知,一旦有谗言流传开来,纵然是我想辩驳也是有心无力。而现在我大开家门,将一切情形完全呈现在世人面前,连我家里最细微的小事天下人都知道得清清楚楚,即使是有人想编造谗言,可是也不会有人相信他……

郭子仪的非凡智慧,让他于那个特定的封建专制时代得以颐养天年,现代社会的环境已经发生了根本性的变化,但是人性却始终未变,大凡发生在人所不知的地方的事情,总会引起人们的本能性关注,一旦我们遭遇到这种谗言的诋毁,就会陷入说不清道不明的困境。

魔力悄悄话

唯有一种透明的心态、透明的心情和一种光明磊落的阳光个性,才能够博得别人对我们的信任,也才能排除我们人生发展中的障碍,让我们与周边环境的相处变得和谐起来,从而获得最终的人生成功。

第五章 做不记恨的人

土地宽容了种子,于是拥有了收获;大海宽容了江河,于是拥有了浩瀚;天空宽容了云雾,于是拥有了神采;人生宽容了遗憾,我们便拥有了未来。宽容就是以常人的心态去面对周围发生的不正常的事,这些事中可能是别人的错误、失误、甚至有意的伤害。如果采取不宽容的方式,其结果可能就是争端。宽容就是要有宽阔的胸怀。"金无足赤,人无完人。""退一步海阔天空,忍一时风平浪静。"宽容有错误的人、有缺点的人、曾冒犯过我们的人,多一份理解,换位思考,主动沟通。

走出怨恨的心牢

　　黄兴没有考上大学,干起了小工,有一天他往一所大学的15层送水,可是楼梯口看门的门卫不允许他从电梯上去。他和门卫争了起来,说电梯没坏怎么能不让用,门卫挖苦说他没有资格用电梯,只有教授才能从电梯走。他央求说,搬这么沉重的水,又是去15楼,请门卫网开一面放他上电梯,但无论怎么央告,门卫坚称有规定只能教授用,决不允许他上。最后,黄兴咬牙一步步自己把10桶水搬上了15楼。他恨透了门卫,但是,并没有去报复他,而是发誓一定要发愤图强。

　　后来,他不仅考上大学,还成了有名的教授。再后来又下海开公司,也非常成功,因为有了这个经历,他遇到任何事情都不记恨,时常感谢伤害自己的人,不仅做事总是有动力,心情也非常愉快,每个人都很喜欢他,事业蒸蒸日上。前几年,一次偶然的机会,他知道,并不是当时的门卫恶劣,而是当天正好有个非常重要的会议,参加者是来自世界各地的名校教授,主办方为了方便来宾,特意雇了一个门卫把守电梯,不许别人随便乘坐,而这个被雇佣的门卫是个固执的人,又不爱多说话,以至于当时对黄兴造成了很大的伤害,而不知情的黄兴发奋而不记恨报复,所以得到了人们常常美慕的"上天的厚待"。

　　心中有愁有恨的人,如同身陷心牢仇城的囚徒,不得自由!只有摆脱烦恼,走出恨狱,才能重获自由自在的生命!

　　当别人伤害过我们后,常常会在内心潜藏心里留下恨的记忆,思想心始终存在报复的想法,伺机将仇恨加倍偿还。

　　现实生活中,人们常常因为一些矛盾而记恨。**一个人一旦记恨,就等**

于给自己判了数年愁刑，关进了心牢，开始受尽折磨的人生。非常典型的记恨的例子就是马加爵，他的同学欺负他固然不对，但是，他因为没有受过情绪管理的教育，任由记恨的情绪泛滥而不加管控，导致在心牢中受尽折磨，走上绝路。而上面这个例子中的黄兴，从不记恨开始，进行了情绪管控，把恨意转化成了动力，因此而获得成功和快乐。

这类事情，单一从法律和道德角度去解释是远远不够的，一般人不能控制恨的情绪的重要原因，不仅仅是道德和法律意识方面的问题，而更重要的是对恨的情绪无知无解，缺乏正确的情绪管理导致的。

有才而性温之人是为大才，有智而气和之人是为大智。

抛弃仇恨的观念

一、有仇必报的落伍观念

生活中，有的人、亲人或自己曾经受害或吃过亏，从而产生"仇恨"，因为大多数人都会错误地认为"此仇不报非君子"，一定要伺机打击报复。但是，往往报复过后又会引起对方的报复，从而导致一代有仇，代代为仇。

其实，别人的过失一旦对自己造成伤害，损失已经产生了，若把仇恨记忆在心，将造成自己长时间的痛苦和不快乐。此种仇恨的心，无疑是将自己关在仇恨之城，形成对自己的二次伤害。别人都已经错误在先了，我们又何必再用别人的错误来惩罚自己呢？

电视剧《武林外史》中黄海冰扮演的沈浪和快活王有杀父之仇，最后，他没有杀死快活王，放下了仇恨，获得了幸福的人生。相反，快活王的亲子，在其母的蛊惑下，紧握仇恨的拳头，无论如何绝不肯放下，最后落得悲惨的结局。这部剧中其他的几个人，也都因为对仇恨的态度不同，而落得不同的下场。潜藏心对仇恨心诠释的不同，最终结局迥异。

二、善恶二分的僵化观念

天下没有绝对的好人，也没有绝对的坏人，好人与坏人的二分法，容易造成认识的僵化。

戏剧中，对人性的描述、人物的塑造往往将人性善恶二分法——总是喜欢把那些邪恶又奸诈的坏人刻画得入木三分，坏人给人的第一感觉就是贼眉鼠眼，其举手投足之间都让人感觉到鬼鬼祟祟，转眼扬眉之间都觉得他有不好的动机。

事实上，好人一般情况下并不都是十全十美、英俊潇洒、心地善良的，但是戏剧中的情节却常常安排好人总是先被坏人所陷害，而后善恶各有所报，戏剧才会结束。

其实，人性都有善良的一面和丑陋的一面，都有对的时候和错的时候，很多事情的发展过程，往往没有绝对的对与错。人与人的冲突，大部分是沟通的问题，而非对错的问题。因此，不要将人绝对划分为好人或坏人，也不要抱有憎恨和厌恶别人的心态。

通常，本来很好的两个人，一旦有了成见后就很难沟通，容易起冲突，冲突后更会互相抱怨，互相中伤，互相攻击。因此，成见结怨之后，必须有所警觉，不宜继续互相伤害。

人们常常讲的"理直气和"，意思是当自己有理时，不要理直气壮、不要得理不饶人，而要气和、宽恕别人，恩怨宜解不宜结。

事实上，天下没有不可谅解的事，没有不能相处的人。如果你不想化解冲突，冲突将永远困扰着你。

三、原谅别人，释放自己

俗话说："恨不止恨，爱能止恨。"一般情况下，一旦内心怀恨他人，别人是不知道而且体会不到的，痛苦的还是自己。为了使自己快乐，就要学会宽恕别人，想出原谅别人的理由，给自己找台阶下，走出怨恨的心牢；或者感到受辱之后，产生发愤图强的愿望，努力拼搏，用成功来获得真正的尊敬。

受金融危机的影响，蔡文失业了，生活因此一度陷入困境，于是他决定将心爱的车子卖给好友郭祥。

郭祥看过车子后，多次讨价还价，坚持将价格杀至"市价的一半"。虽然损失的仅仅是区区几万元，但对蔡文来说，其实是很重要的救命钱，如果多了这几万块，蔡文就有钱出去找工作、搭公交车和吃午餐了。

让人更没有想到的是——收款时，郭祥又坚决由蔡文支付过户手续费，到手的现金最后只有一万多块钱。

一开始，蔡文心里又气又恨，但是他很快就释怀了，并不再追究此事。因为他想，把车卖给朋友总是比卖给车行好一些，最起码还让自己有个念想，想看爱车还能看得到。再者，郭祥是自己的朋友，这么快就帮自己接手这辆"吃油就像牛喝水"一般的汽车，也省掉自己的好多烦心事……因此，他并没有对郭祥产生怨恨，双方的关系也并没因此改变。

半年过后，蔡文的经济状况有所好转，郭祥又以原价把车子卖给蔡文，并自愿支付一切相关手续费。

蔡文尽快化解恨意后，不仅自己没有被关进心牢，反而以良好情绪重新振作，同时赢得了朋友的敬佩，最终获得了更好的回报。试想假如他当初记恨朋友，结局还会这样吗？

肚量(度量)不只是金钱的资助或金钱的施舍，更代表给予对方的肯定和关爱，使一方有被尊重的感觉。

魔力悄悄话

仇恨的情绪就像一把双刃剑，它一方面可以增强人们奋勇前进的斗志，为了报仇立志与仇人"不共戴天"，为了雪耻产生奋发图强的力量。一般情况下，一个人的仇恨心太重，往往使自己受苦，仇恨的情绪所产生的难受痛苦，有如坐困仇城。

快速消灭怒火

在古老的西藏,有一个叫爱地巴的人,每次生气或和别人发生争执的时候,就以很快的速度跑回家,绕着自己的房子和田地跑3圈,然后,坐在田地边喘气。

爱地巴工作非常勤劳努力,他的房子越来越大,田地也越来越大,但不管房地有多大,只要与人争论生气,他还是会绕着房子和田地跑3圈。所有认识他的人,心里都起疑惑,但是不管怎么问,爱地巴都不愿意明说。慢慢地,爱地巴变老了,他的房子和田地也已经变得太大了。他有次生气,挂着拐杖艰难地绕着田地和房子,等他好不容易走了3圈,太阳都下山了。爱地巴独自坐在田边喘气,他的孙子在身边恳求他:"阿公,你已经年纪大了,这附近也没有人的田地比您更大,您不能再像从前,一生气就绕着田地跑啊!您可不可以告诉我这个秘密,为什么您一生气就要绕着田地跑上3圈?"

爱地巴禁不起孙子的恳求,终于说出隐藏在心中多年的秘密。他说:"年轻时,我一和人吵架、争论、生气,就绕着房地跑3圈。边跑边想——我的房子这么小,土地这么小,我哪有时间、哪有资格去跟人家生气。一想到这里,气就消了,于是就把所有时间用来努力工作。"

孙子问道:"阿公,你年纪老了,又变成最富有的人了,为什么还要绕着房地跑?"爱地巴笑着说:"我现在还是会生气,生气时绕着房地走3圈,边走边想——我的房子这么大,土地这么多,我又何必跟人计较。一想到这,气就消了。"

人在盛怒的时候,一小时造成的体力与精神的消耗,相当于3天中一共加班6小时以上的消耗,盛怒有时还能使人暴亡。**盛怒之下不要做事,大喜之下不要许诺。**

收入裁判局

一名税务局的官员说,几乎每个来交税的纳税人都可能存有一种敌对情绪,我们并不见怪,反而在告示板上画一些自嘲的连环漫画,把我们的机构戏称为"收入裁判局"。

在税务局的工作大厅,有很多生动活泼的漫画,其中有两幅比较有意思。有一幅漫画上画着一名审计员,他对一位缴税人说:"老板,保持心理平衡的秘诀是——不再认为手上的钱是自己的。"另一幅漫画上写着:"真抱歉,我们又赚定了这个老板的一笔!"有趣的是,所有纳税人看见这些漫画,态度都有所好转。

愤怒生气的情绪,有其负面的作用,也有其正面的作用,因愤怒可以起到威吓、禁止和警告他人的效果。但是,由着自己的性子,不该怒而发怒,或者将自己的不高兴任意发泄在他人身上,以及其他不能控制的愤怒情绪,都是负面的愤怒情绪。

魔力悄悄话

没有人愿意发怒,但是,每个人都不能肯定自己在任何情况下都不会发怒,因为,我们大多没有受过控制愤怒情绪的训练。人生漫长,遭遇何止万千,愤怒时要么害人,要么伤己,难免做愚蠢后悔的事情。

息怒四部曲

吵架争论冲突时,对方冷嘲热讽,尖酸刻薄的话一句一句刺过来,犹如利剑穿心,使人痛苦难堪。心中的怒火就像充气的球愈充愈胀,随时都会爆炸,再加上对方凶神恶煞的举动,蛮横无理的嘴脸,步步相逼,让人忍无可忍。此时,要能忍耐实在不易,依心识作用——眼耳不断地感受刺激,思想心全集中在对方凶恶的焦点上,潜藏心充满怒念,觉知心全然觉知愤怒。这里,跟大家分享几个息怒的方法:一是深呼吸,使潜藏心放松;二是主动离开现场,不再继续受刺激;三是投入自己喜欢的事情中,淡化心中的怒气;四是冷静之后再处理。

董武与熊婆吵架,熊婆骂道:"你这杂种,无耻小人,你作恶多端,恶有恶报,活该生不了男孩。"董武听后再也忍不住,一个耳光打过去,熊婆不甘示弱,拿起铁锤反击,并不停叫骂:"懦夫,胆小鬼,有种再打啊,打呀!打呀!缩头乌龟!"董武更加愤怒,拿起椅子往熊婆身上打过去,熊婆立即倒地,大哭大闹,要求叫救护车,打电话叫亲友来讨公道。

其实,熊婆采取的就是"一哭二闹三上吊,最后大家死翘翘"的做法。

一哭:我们不说了。

二闹:大吵大闹,誓必讨回公道。

三上吊:伤害自己或说自己伤重来威胁对方,以博取大家的同情。

最后:大家死翘翘。波及大家,让大家都受到伤害。

由此可见,双方如果在冲突盛怒时能够及时采用"一吸二离三最爱,第四冷静后再回来处理"的方式,情况就会大不相同。

一吸（第一步，深呼吸）：在盛怒激动又充满了愤怒的意念时，做做深呼吸，强行克制使自己忍耐、冷静下来，提醒自己大战即将爆发，要忍耐，否则后果不堪设想。

二离（第二步，离开现场）：离开现场，使身心不再受到刺激。能够使自己离开吵架的现场，就是制怒成功的一半。

三最爱（第三步，找最喜欢的事做）：找自己最爱的事情先处理，转移注意力。如倒杯茶，喝杯水，找好友……这就是先找别的事做，好使自己跳出死胡同。

最后冷静再处理：自己冷静了，对方也平静了，都能够理性分析时再回来处理。

陈董向叶董谈判索赔，叶董不但不理，还理直气壮，推诿来料太慢，质量水平要求太苛刻，指责陈董公司恶名昭彰，专欺负协办厂。气得陈董大骂对方之后，门一摔跑去上洗手间。洗洗手，洗洗脸，到茶水间泡杯咖啡回来之后，慢条斯理地说："其实大家都是利益共同体，发生异常了，再多说理由也无益于事，现在重要的是要解决问题。发生的损失，希望贵方能够分担。"叶董此时也已经冷静息怒了，道歉质量没有做好，同意负担损失，并以对方讲的为准。双方握手言欢，争论就解决了。

魔力悄悄话

一些商人很喜欢一边泡茶（喝老人茶）一边聊天或谈事情，每当讲到难题或难以启齿之事，就拿起茶壶倒茶，听到不顺意或不合理之事时，就端起茶杯喝茶，暂时转移注意力，缓和紧张的气氛，缓冲愤怒的情绪。

开解怨气对谁都好

可怕的怨气

一家公司最近大发展,买了大写字楼,搬了新家。装修的时候,由一个精明的主管负责。他处处计算格局,考虑办公室如何布置,才能确保员工为公司分秒必争地工作。可是,搬进去后不知为什么纠纷不断,不是常常有员工吵架、争斗,就是老接到客户抱怨和投诉,甚至还引来了一场官司。总裁没办法,只好请咨询顾问来公司出谋划策。这个咨询师来办公室参观了一圈,提出这个办公室风水不好,因为厕所的位置破坏了风水。后来按照他的要求,改了厕所位置,公司果然气象更新,业务又重新蒸蒸日上了。全公司交口称赞,说这个咨询师是个半仙。

其实,这个咨询师只是谙熟情绪管理罢了。公司原来的厕所位置在整个办公室正中间,谁去上厕所大家都看得到。负责装修的主管有意这样安排,避免员工假借上厕所怠工,结果搞得每个人都心情紧张,完全没有丝毫隐私。加上公司强调不抱怨文化,员工有抱怨不敢说,最终形成很大"怨气场",大家情绪都变坏,互相不良影响,出事情就不奇怪了。

由于缺乏情绪管理能力,我们每天在社会新闻版上都会看到因为怨毒而引发的种种人间悲剧。历史上所有被更替的朝代看似被农民起义推翻的,实际是被冲天的怨气摧毁的!我们很多职场人士,因为工作压力,因为职场中的种种"不公平"、争斗……日久难免会产生怨气,恶言恶语也常从含怨之口喷出,伤人害己!

和气生财,怨气生灾。

化解怨气的秘方

冲突时,双方有了成见,各有所执。

双方内心的想法不同,认知不同,都认为自己有道理,感知自己受委屈,认为对方没道理,急于为自己辩解,企图说服对方,沟通没有交集。

争执时,事情变成不是"何者对,何者错的问题",也不是"谁是谁非的问题",而是因为双方没有默契,演变出来的情绪问题。此时唯有表示善意,包容对方意见,才能平复彼此的情绪扭曲,化解双方的怨气。

(一)意见沟通

交往时多注意沟通的技巧,注意多倾听而不要预设立场,应用宽广的胸怀来接纳对方的意见,不要急于表达。只有耐心倾听,彻底听懂对方的意思,才能从觉知心中产生正确的觉知,避免产生觉知的扭曲。

(二)化解歧见

人际关系产生第一层冲突之后,在沟通时,常常借口头语言和肢体语言(包括脸部表情、手脚动作、身体姿态)来表达自己内心的所想所思,而双方由于某些原因而沟通遇阻,没达成共识,各有自己的意见,这就是歧见。歧见是人际冲突的第二层,歧见在心识的认知上,还未形成强烈的定见,因为对方的陈述意见,互相还可以正确地接受和正确地诠释,不至于造成固执的觉知扭曲。

因此,当第二层冲突的意见分歧或争端产生时,可以通过讨论的方法、辩论的方式、谈判的技巧来改善和解决,从而消除歧见。

1.停止争论

有了成见,双方就会争论、抱怨。这时,对与错已经不重要,谁是谁非亦不是重点。因为双方谁都不服,谁都无法冷静下来听对方的意见,只想从声势、理由等各方面来压过对方,从而取胜。吵来吵去,也吵不出一个所以然来,双方都无法让对方理解自己、体谅自己,再争吵也无多大意义,只会失去情谊。最好的办法就是停止争吵,慢慢冷静下来。

2. 认真耐心倾听

固执己见,执着自己的观点,心中早已下了结论,这种情况下是听不进别人所讲的话的。其心识作用就是以整体性、组织性来做觉知,也就是耳朵所听到的信息,经过潜藏心里原有的认知,判断成与自己认知相同的觉知。对方的话,我们只觉知到对我们不利的片段,而将对方的意思断章取义、以偏概全,或是将对方不经意的话联想成不利于我们的话,或用自成一套的逻辑来推论,这样所作出的判断就会与原有的事实和别人想要表达的意思有所差别。

3. 接纳对方,肯定对方

双方争吵,大部分有讨公道、争是非的心理,急于把自己的想法表达出来,让对方能相信自己、肯定自己。这个时候,我们何不先退一步,以退为进,适当地肯定对方的判断,让对方先把牢骚发泄完毕,再来表达自己的想法、意见。

通常,理智者常用的句型是:"对,对,你说得确实很对、很有理,不过……"如果一方能够首先退一步去接受对方,让对方发泄之后,相信双方心中的成见会慢慢地化解。

4. 避免向不相关的第三者诉苦或抱怨

通常这些牢骚是不便直接向对方陈述,或是对方不能接受的话,而转向第三者诉说,如果这些话语经第三者传至当事者耳中,可能会加深误会,使感情进一步恶化。

5. 以德报怨

王欣的弟弟从国外来访,要进她的宿舍,舍监表示男生不可进女生宿舍。王欣非常生气,和舍监大吵一架。从此,王欣怀恨在心,每次进宿舍看到舍监就生气,舍监看到她也是吹胡子瞪眼。

过了一段时间,王欣想:"这位舍监短时间内不会离职,而我又不愿意搬离此宿舍,整天抬头不见低头见,老这样也不是个办法,不如和他和解。"

一次,正好舍监病了,王欣就买了水果去看他,把舍监感动得差点掉眼泪,他不好意思地说:"其实那次我是奉命行事,望你谅解,那天态度不好,实在对不起!"此后,每当王欣回宿舍,双方都有说有笑,再也不怄气了。

王欣先改变想法,表示善意,改善自己的情绪,最后化解了双方的怨气。

魔力悄悄话

人非圣贤,谁能无过?人们难免对别人的过错抱怨,若单单只是抱怨,只要适度,对完善工作、改正缺陷,有一定的积极作用,但是,凡事抱怨,抱怨的时间比做事的时间还长;或者,片面强调不抱怨文化,导致有怨不敢说,最终在小环境和周围环境中形成怨气,那么就会产生很严重的问题。

诚意化解积怨

　　王董与张总是配合 30 多年的老战友,也是一生的事业伙伴。从草创公司起共同面对了创业股东的拆伙、台湾劳力短缺、汇率升值以及公司的财务危机等困难,共同经历了公司破产后到大陆重整旗鼓的艰辛过程。

　　王董年届花甲,即要退休之际,孩子大学毕业,太太在别的单位退休,都相继加入公司,双方关系起了变化,时常为了芝麻小事抱怨、争论。为了业务起分歧,为了质量起冲突,为了买电视起争论。

　　有次订单延迟了一个多月,王董询问张总,材料是否可以从台湾空运过来,连问了几次,张总都不作声,后来不耐烦地答道:"随便啦,你高兴怎么做就怎么做!"

　　王董沉不住气,反击道:"什么随便,难道你没有拿薪水吗?"

　　双方你来我往吵了起来,最后张总连哭带骂:"我不干了,我要回台湾,我要退股……"说完东西一丢就回宿舍去了。

　　这时,王董意识到闹僵了。目前经济不景气,又正逢"非典"期间外国人不敢来采购,在这种恶劣的外部环境下,经不起合伙人的吵架和内耗。于是王董想找张总好好协调讨论,从早上等到下午,又等到晚上,张总总是把自己关在房间内生气,连吃饭都不出来。

　　第二天一大早,王董等他吃早餐,好不容易等到他出来,经过好言相劝之后,张总爆出了自己的积怨:"业务是我管的,厂务是我处理的,你为什么事事都插一脚? 为什么 3 个人联合对付我、欺负我? 辛苦了一辈子,得到了什么? 别家厂每年都分红几百万,我们分了什么? 现在树大可以分枝了,公司大了也可以分家了。从美国回来之后生病 3 个月,以为工作太累,现在才知道,原来是心累了,我不想再浪费时间,我想退休了。"

宽容——宰相肚里能撑船

王董很耐心地倾听,很冷静地接受。对方提了很多问题,说了很多心里话,工作分工的问题,家人介入经营的问题,公司盈亏的问题,公司分红的问题……而这些问题都不是王董一时可以解决的,经过整夜的思考后,王董决定回台湾,请教总裁和其他股东。经过股东们的分析后,王董又匆匆忙忙地回到工厂,希望尽速回答张总所提出的问题,但张总仍是心情不好,没有心情讨论。

王董耐心等了一天,第二天张总头痛、腰酸,要找按摩师来治疗。王董邀请张总吃晚餐,张总表示胃口不好,不能吃太油腻的食物。第三天早上张总要开生管会议,下午客人来访,晚上累了要休息。王董被折磨了数天,苦心等候,从早上等到下午,下午盼到晚上,愈等心愈急,无奈无助,挫折彷徨,彻夜难眠,觉得度日如年。

终于,在第四天早上见了面,王董才传达了股东们的意思和自己能够改善的方案,化解了老战友拆伙的危机。

魔力悄悄话

有本书叫作《水知道答案》,即使是水,对待它的态度不同,也会产生不同的结晶,有的非常美丽,有的丑陋不堪,何况满身热血的人。我们不仅自己要学会管理情绪,做不抱怨的人,还要消除周围亲朋同事的怨气,尤其避免生出怨毒,以营造一派温暖和谐、宜己宜人、健康成功的好"气场"。

第六章
计较会让你失去更多

有时候我们并不是不快乐，只是我们计较的太多，所以才会觉得很煎熬。人生在世短短几十载，计较来计较去，其实亏得还是自己。我们应该学着让自己开心，快乐。

放开了去做自己，别太较真，其实自己快乐才是最重要的，若不快乐，不幸福，就算赢了全世界，你最终也还是个输家。若有人让你不开心，你就要在那人面前笑个痛快，若你真的太计较，那样只会让自己堵心。大路很宽，必定会行人千千万，偶然的擦擦碰碰，所以别和自己较真，别和快乐过不去。

眼前得失与长远利益

著名的成功励志学家陈安之曾说过这样一个事例：

我曾经遇到一个人，他说老板只付他一个月3000元的薪水，老板一直不给他加薪，因此他一个月就只做3000元价值的事情，我告诉他，这个想法实在大错特错。

假如你只做3000元价值的事情，你如何有理由要求老板加薪，你必须主动做出超过3000元价值的事情，甚至5000、10000元以上价值的工作，这样，你才有理由加薪！然而，现实中有很多人的想法却是本末倒置的，所以他们一直闷闷不乐，一直找不到快速提升自己的方法。他们一直维持现状却还在怪罪别人，甚至抱怨命运对自己不公。

在宾夕法尼亚的山村里。曾有一位出身卑微的马夫，他后来成为美国著名的企业家，他那惊人的魄力、独到的思想，为世人所钦佩。他就是查理·斯瓦布先生。

他小时候的生活环境非常贫苦，只受过短短几年教育。从15岁起，孤身一人在宾夕法尼亚的一个山村里赶马车谋求生路。两年之后，他才谋得另外一个工作，每周只有25美元的报酬。在这期间他每时每刻都在寻找机会。功夫不负有心人，没多久他再次成为卡内基钢铁公司的一名工人，日薪1美元。做了没多久，他就升任技师，接着升任总工程师。过了5年，他便兼任卡内基钢铁公司的总经理。到了39岁，他一跃升为全美钢铁公司的总经理。

他由弱而强的秘诀是：他每到一个位置时，从不把月薪的多少放在心里。他最注意的是把新的位置和过去的比较一番。看看是否有更大的前途。

当他还是一名微不足道的工人时,他就暗暗下定决心:"总有一天我要做到高层管理,我一定要做出成绩来给老板看,使他自动来提升我。我不去计较薪水,我要努力工作,我要使我的工作价值,远远超乎我的薪水之上。"

他每获得一个位置时,总以同事中最优秀者作为目标。他从未像一般人那样不切实际,想入非非。那些人常常不愿使自己受规则的约束,常常对公司的待遇感到不满,做白日梦等待机会从天而降。斯瓦布深知一个人只要有远大的志向并付诸实际行动就一定可以实现梦想。他从不妄想一步登天,他充满乐观和自信。做任何事情都竭尽所能,他的每一次升迁都是水到渠成势所必然。

世间的无数事例表明,那些越不计较报酬的人,报酬反而更容易登门拜访。那些越把公司当成自己公司的人,公司越把他当成自己人,给予其更高、更好的平台。

魔力悄悄话

是金子,别人总会看到你放出的光芒。因此,不要过于计较眼前的利益。付出之后。收获自然会随之而来,只是时间早晚的问题。那种总是在等待别人先付出后,自己才肯付出的人,其实已经在无形中陷入了某一种被动的境地,间接地弱化了自己本身具有的能量,自然难以吸引来正面的能量。

适当放弃才能得到更好的

孩提时代,我们是按照快乐原则生活的。对于我们的愿望,父母总是尽量满足。当我们哭时,会马上得到食物;当我们害怕时,会得到安慰与保护;当我们生病时,会得到照料和治疗。父母关心我们是否感到舒适,只要我们大哭,他们会马上过来安慰我们,并按我们的意志行事。在小时候,我们并不懂得自我克制的必要。幼小的心灵只想马上满足自己的需要,并不懂得推迟满足或克制这种欲望。长大以后才明白,在人生的各个阶段,我们需要对许多事物权衡比较,作出适当的取舍。

不过,在日常生活中,人们在善恶之间进行选择,远不如在两者兼有的情况下选择那般艰难。比如,一个人希望发展创造性的组织才能,或者去当一个莎士比亚剧作中的演员,或者是做一个有影响力的牧师。很显然,他不可能同时都做到这些。在生活中两种期望可能是并不相容的,因而我们必须在两者之间作出选择。

在人生的早期,我们并不懂得这一点。在一个年轻人看来,他们想象中的职业都可以在将来试一试。如果要他们进行一次性选择,他们就会犹豫不决。一个人要想成就一番事业,就必须放弃自己想尝试的大部分职业,专心致志地去实现一个目标。

因此,我们不该向我们的孩子、朋友和爱人索取太多,我们应该宽宏大度,像卡尔·沙堡所说的那样:"松开你的手,随他们去吧!"对于不可实现的愿望,我们应该发自肺腑地大声说:"不!"我们应该清醒地认识到这种放弃意味着什么,进而从自身寻找新的力量,奋力向前。

我们应该注意到,在放弃和压抑之间是存在着原则性区别的。一个人如果压抑他所有的欲望和希望,认为他们根本不可能实现,那么他就有可能走上一条悲剧性的道路。但敢于大胆放弃的人就不是这样，他们很清楚地认识到，那些欲望是根本不可能实现的，没有任何价值，在放弃之后，他们的内心变得更为坚强有力。

他们敢直面人生，也清楚地知道自己为什么要那么做。为了长久永恒的幸福，宁愿放弃一些暂时的诱惑。如果一个人能够这样做，那么他便懂得放弃中也包含着丰富的人生智慧，他就不会再压抑自己。我们直面人生中的诱惑并能放弃它们，坚信只有这样才能实现永恒、真正的幸福，这样的话，我们便不再感到内心的冲突和精神上的重负。

然而，人们在心情不好时，会不自觉地把坏心情抱得更紧，从而无法从烦恼的死胡同中走出来，因为他不懂得割舍。

话说一位旅行者，在经过险峻的悬崖时，一不小心掉落山谷，情急之下抓住崖壁上的树枝，不能上下。就在他祈求能有人在此经过营救自己时，真的有一双手伸过来接他，而旅行者却因为害怕一松开树枝就坠入万丈深渊粉身碎骨，而把树枝抓得更紧，不肯松手。

像这样一个不懂得割舍的人，有谁能救得了他？现实中的你，是他的追随者吗？

魔力悄悄话

为了真正得到想要得到的东西，我们就要随时准备适当地放弃另外一些追求和目标，这样才能获得心灵的宁静。

学会放过自己

人生途中,很多事情都不在我们的掌握之中,但是我们可以灵活地把握自己,及时地扭转方向,这样才能换来柳暗花明。类似钻牛角尖的坚持已经不是被推崇的人生态度。试着放松,试着改变,别跟自己过不去。

人生的苦恼多半来自于自我困扰,很多时候不是因为拥有的少,而是以为自己能够得到更多。当现实和想象有距离时,这时候烦恼和失望就出现了,然后就开始自我折磨,认为自己的人生是失败的,这种没有意义的自怨自艾只是跟自己较劲。如果能够把这些无谓的计较放在与命运的抗争上,肯定是另一番风景。

人的能力是有限的,静下来想想你会发现人的力量对于宇宙而言又是多么的微乎其微。所以生活中的很多事情,是人类的力量所无法办到的,这时就不要再把责任压在自己身上。失眠、抑郁、失落都是自己加在自己身上的枷锁。我们要及时清理这些心灵垃圾,轻装上阵,才能摆脱过去,迎接新的明天。当然,对自己有较高的期望是没错的,尽力利用自己的力量去解决问题,当遇到力所不及的境况时,不要为难自己,只要我们尽力了,那么我们就问心无愧。

面对人生要懂得取舍,懂得退让,别跟自己过不去,这才是人生的智慧。

举个婆媳关系的例子吧,这个问题或许让很多人头痛着。站在局外者的高度上看媳妇和婆婆之间的矛盾:媳妇和婆婆生气,婆婆向儿子告状,儿子再向妻子问罪,妻子无论有理无理都会惹一肚子气,折腾了一圈,发现原来这一切竟是自己和自己过不去罢了。事实上,双方相互理解一点,不仅给对方一个空间,也是给自己一个海阔天空。从母亲的角度来讲,儿女自有儿女福。孩子们既然已经长大，那么就应该放手让他们成长，自己为了孩子的事情也已经辛苦了大半辈子。剩下的路就让他们自己去走吧！少插手，少操心，年纪大了已经经不起折腾，那么何必又来拿儿女事来为难自己呢？从儿女的角度来看，即使没有血缘关系。但是对方是你所爱的人的至亲，但从这点来看，尊重和关怀也应该是必须的。不要吝啬财物或者关爱，适当地给予你会收获更多。只有跟自己过不去的愚者才会把自己的家庭搞得乌烟瘴气，相信一点：家和万事兴。

别计较太多，用一个宽阔的胸怀去接受别人，这才是明智之举。一个人生活得快乐与否并不是由他拥有多少财富、拥有多大权力来决定的。关键还是他的心态，一颗快乐的心包含宽容，包含忍让。

别跟自己过不去，是一种精神的洒脱。心情灰暗的时候，给自己的郁闷寻找一个发泄的突破口。成功人士都有一个共同的特点：那就是有一个积极的消遣方式，放松自己的心情。在这个世界上很多事情出乎了我们的掌握，我们不能掌握命运，但是我们可以掌握自己；我们无法改变现状，但是我们可以改变自己；我们无法改变阴晴，但是我们可以改变心情。没有什么过不去的坎儿，没有什么跨不过去的沟，何必拿一些外物来折磨自己，苛求自己呢？对自己有信心，对他人有宽度，对生活有微笑，这样才是善待自己。

魔力悄悄话

别跟自己过不去，让自己的人生充满希望和快乐。每一天给自己一个希望，每一天进步一点点；每一天给自己一个微笑，每一天保持一个快乐心情。人生不是单色的，人生不是仅仅一个目标，所以放开你的视野与胸怀，善待自己的每一天。

让生活多点潇洒与豁达

俞敏洪是新东方教育科技集团董事长兼总裁。他指出,面对人生的得与失,以及种种不如意之处,我们应该生活在潇洒与豁达的心境中,不必计较太多。

如果你身材不好、面貌不佳,不妨告诉自己:"在身材和面貌之外,我还有很多精神、文化、气质,这些都是可以不断提高的。身材不能提高,但是灵魂可以提高。"

邓小平身材不魁梧,面貌也不英俊,但是在这个世界上没有人敢说邓小平不伟大。因此,你不能太在意别人对你的看法,更何况,别人的看法会随着你的进步而发生改变。

全国最佳健康老人、被誉为"军中不老松"的百岁将军孙毅,在当年的长征路上,按照他的级别,本应配马。但共产国际派来的军事顾问李德,却以"孙毅是白军过来的"为由,取消了他的骑马资格。面对如此歧视和不公,孙毅却一笑置之:"没有了四条腿,我还有两条腿嘛!"就这样,他毫不在意地凭着自己一双铁脚板走完了长征路。

每当有人提起这段不愉快的往事时,将军总是豁达地调侃道:"我还真要感谢那位李德先生,他使我锻炼了两只脚,为健身打下了基础。"多么幽默而富有大将气魄的情怀啊!孙毅将军之所以能够健康长寿,与他豁达的人生观是不无关系的。

记得朱国勇曾写过一篇关于《抬头与低头》的文章,透过字里行间,我们能深深地感悟到"不计较"胸怀的伟大魅力。文章这样写道:

宽容——宰相肚里能撑船

这是一所宁静美丽的江南小城。小城西北角,有一所大学。繁花修树,小径回廊,校园美丽而安宁。一条清粼粼的小河,从校园中穿过,把校园一分为二。

每个早晨,总有一位鹤发童颜的老人,沿着小河慢跑,从东向西,再从小河的另一边跑回来。无论寒暑,很是规律。

这位老人姓赵,是中文系的教授,平和朴实,总是温和地微笑。

可是,有不少学生对这位教授的印象并不好。因为,这位教授历史上有污点。据说,"文革"时,有一次,一个造反派把一大碗剩菜扣在他脑门子上。

他呢,只是呵呵笑着,也不理自己满脸的污秽,而是先把造反派身上溅落的一片菜叶子擦掉了。造反派不由得没了脾气,嘴里咕哝几句,转身离去。

经过学生们一届一届地口口相传,教授没有骨气的坏名声就在校园中传开了。

一次上课时,一位男生迟到了。教授淡淡地批评了他几句。这位男生怀恨在心,回到座位上不久,就举手说有问题请教。"我认为,人活着就要抬头挺胸,而低头垂尾是可耻的!教授您以为如何?"男生一边说,一边用挑衅的目光盯着教授。

话没说完,教室里已是一片窃笑。等大家笑停了,教授才平静地说:"如果,抬头是在看云娱情,如果,低头是在看路防跌,又何所谓抬头低头呢?"

学生们听了,默然无语。教授清了清嗓子继续说:"大家一定听说过我的故事。可是,你们知道吗? 当年我们这所学院里,和我一同被打成反革命的,有七名教授。一年后,死了六个。只有我,活到了现在。"

教室里,一阵短暂的沉默之后,爆发出雷鸣般的掌声。那个男生涨红着脸站了起来:"教授,我错了。"教授轻轻摆了摆手,示意他坐下。

阳光温暖而洁净,透过窗户斜斜地射进来。教授又开始讲课了。他的声音平和而有力量,仿佛一条大河在大地上缓慢却沉稳地流淌。讲桌下,是学生们一张张专注而感动的面庞。

是的，一个人，只要内心有所坚守，抬头或低头不过是无足重轻的外在形式。

抬头时，便看云；低头时，便看路。淡泊宁静，自然从容。这才是人生的大智慧。

魔力悄悄话

所谓潇洒与豁达，就是在知道没有得到想要的东西之后，仍然能够用一种开放的、快乐的心态来经营自己的生活。当别人批评你，指正你的缺点的时候，你承认自己有这个缺点，你可以改正，但是你不应该因为别人指责你的缺点而怒发冲冠。当别人说你身高偏低的时候，如果这是事实，你就承认。当别人说你面貌不佳的时候，如果你确实长得不漂亮，你不妨也坦然接受。对于不能改变的事实，我们没有必要过于计较。

第七章
宽容忍让人缘好

　　宽容和忍让是一个智者必有的处世哲学,也是一个成功之人必须具备的品格。

　　待人宽容,是在展现自己的胸怀;忍让别人,是在体现自己的修养。一个人拥有宽容之心,抱有忍让之态,必然会远离灾祸,必然会有很多朋友,必然会拥有和谐的人际关系。

　　亲人之间、同学朋友、夫妻恋人之间,都需要相互的忍。我们稍微的忍让,或许就能让我们获得一个良朋知己,化解和亲人之间的矛盾,赢得一个美满幸福的家庭。

忍一下,风平浪静

在人际交往中,两个人发生争吵时,总能看见有一方理直气壮地训斥对方,而另一方也在据理力争,场面越来越混乱,情形越来越不妙,双方都有一种决不罢休的势头。最后的结局,不管谁有理谁无理,都会让人懊恼不已,后悔不迭。

其实,有时候针锋相对并不能解决问题,理直的时候并不一定要气壮才能显示自己无错。冷静地处理,明智地忍让,有时更能看出一个人的思想修养与人格魅力,也更能体现出一个人的素质,更有助于矛盾的解决。身边发生的很多事情告诉我们:忍让是一种美德,只要学会忍让,再大的事也能得到和谐的解决。

记得一位先人说过,人比动物高贵是因为人有理智和感情。人们生活在一个大环境里,难免会发生一些磕磕碰碰的事情,只要不是原则问题,就应当理智对待,学会忍让。

一个周末的深夜,乌云压得很低,空气中一种闷热感袭来,眼看一场大雨就要开始了。在公交车站候车亭内,焦急等待着的人们终于看到了最后一趟车的到来。但是,因为大家都着急,所以,车子还没有停稳,就一窝蜂似的抢着上车。突然,一个男子大吼道:"你没长眼啊,踩着我了,看看我的鞋子……"

"对不起,先生。"另一个男子急忙说。

"一声对不起就行了? 我刚刚买的鞋,还没穿半小时呢,就让你给踩脏了。"

"真是非常抱歉,是我不小心,请您原谅。"

"别磨叽！赶紧给我擦干净了。"被踩的那人毫不留情。

"唉！两位静一静！"这时，年轻的女售票员拨开众人过来了，对着两人说："这雨下得突然，大家都着急回家，咱们人多，所以免不了磕磕碰碰的，既然同坐一辆车，也算是一场缘分，大家互相让一步，谁都不吃亏。没必要因为这点小事就坏了自己的心情，大家说是不是？"

售票员的话得到了周围人的认可和赞赏，纷纷劝解。那男子似乎有点尴尬，片刻，他猛地抓住踩他皮鞋的那人的手说："很抱歉，刚才我过分了！"

"该我道歉才是，踩了你的皮鞋我也心痛，以后我多多注意，乘车别再踩你的皮鞋就行了。"说完，两人都笑了。

这世上有各种纠纷，诸如家庭纠纷、亲戚朋友之间的纠纷、同事之间的纠纷、邻居之间的纠纷、陌生人之间的纠纷等。如果不及时地加以解决，无疑就会影响相互关系和社会的安定团结。要解决这些问题，忍让是最好的解决方式。

魔力悄悄话

"小不忍则乱大谋"，这是对忍让的最好诠释。在人际交往中，如果出现了摩擦与矛盾，忍让一下，就会风平浪静；退一步，就能海阔天空。在生活和工作中，如果人人都学会了忍让，那么，我们就会拥有和谐的人际关系。

退一步,海阔天空

人们常常喜欢把"忍一时风平浪静"和"退一步海阔天空"放在一起说,来形容一个人的广阔胸襟。仔细思量,这其中的"忍"和"退"还是有着本质上的区别的。

"忍"包含着一种隐忍,让步,其中总有一些不情不愿的成分,并且,很有可能将来伺机而动,"以牙还牙,以眼还眼"。而"退",则是本质上的放手,退让,不予计较。凡事懂得退一步的人,才是真正拥有胸襟似海,具有王者风范的人。

人生百态,各有所爱。你爱吃萝卜,他爱吃白菜,虽然口味各不相同,但缘分安排大家一桌共食,没有必要非要强求别人吃自己喜欢的东西,大家各自享受自己最爱的饮食,其乐融融,才是最明智、最温馨的选择。如果我们能承认品质各自有异的客观存在,便会对彼此的互异感到快乐,你有你的思维方式,我有我的人生见地,若能互相学习,彼此宽容,就能一团和气。

转换思维,用你的博大胸怀去包容万物,才能得到真正意义上的海阔天空。

所以说,退一步的力量有时往往大得惊人,它比进十步、百步显得更加强大。"退一步,海阔天空",说的就是这个道理。

人与人相处,退一步尤为重要。它不仅仅是对彼此的理解,彼此的关爱,彼此的宽容,也是一种对自己的爱护。这种退一步的力量,是建立在团结友爱的基础之上的。

那些邻里纷争,亲友反目状况,静下心来,仔细想想,会觉得有点可笑甚至荒谬。在必要的时候,宁愿后退一步,避其锋芒,有时候不仅能赢得旁观者的尊重,更能赢得对手的尊重。所以,"退",有的时候,是更好的进。

古人云:"退一步海阔天空,忍一时风平浪静。"在一些不影响个人原则的问题和利害冲突上,如果能以宽容之心对待他人之过,就能得到化干戈为玉帛的喜悦。

对于别人的过失,虽然必要地指正无可厚非,但是若能以博大的胸怀去宽容别人,就会让自己的精神世界变得更加精彩。

人们在劝慰别人的时候,总喜欢说"退一步海阔天空"。可事实上,又有几人能真的付诸行动? 有多少人能在别人犯了无心之失时,真诚地说一句"没关系";在别人触犯到利益时,说一句"我不介意";在别人观点发生分歧时,说一句"这没什么"? 虽然是很简单的几个字,可多数人距离那样的境界,又何止是一步两步之遥。世间有多少人为公车上的磕磕碰碰争得面红耳赤? 多少人为生意场上的蝇头小利争得你死我活? 多少人为了学术上的不同观点弃斯文于不顾? 在那一刻,这些人根本已经不知何为退让。

古希腊神话中,有一位大英雄叫海格力斯,一天他走在崎岖的山路上,发现脚边有个袋子似的东西很碍脚,海格力斯踩了那东西一脚,谁知那东西不但没被踩破,反而膨胀了起来,加倍地扩大着,海格力斯恼羞成怒,操起一条碗口粗的木棒砸它,那东西竟然长大到把路给堵死了。正在这时,山中走出一位圣人,对海格力斯说:"朋友,快别动它,忘了它,离开它远去吧! 它叫仇恨袋,你不犯它,它变小如当初,你侵犯它,它就会膨胀起来,挡住你的路,与你敌对到底。"

其实,在日常生活中,我们也常常犯和海格力斯一样的错误,遇到矛盾时,不愿意吃亏,步步紧逼,据理力争,最终只能使得矛盾不断地升级,不断地激化。

退让并不代表就没有了尊严,而是更加成熟、冷静、理智、心胸豁达的表现。

一时退让可以换来别人的感激和尊重,避免矛盾的加深。社会就像一张网,错综复杂,我们难免与别人有误会或摩擦,善待恩怨,学会尊重你不喜欢的人,就会多很多的朋友。多一分退让,也会让我们赢得更多的尊重。

魔力悄悄话

真正懂得"退一步,海阔天空"这个道理的人,才是真正的智者。因为他们懂得思考,懂得权衡利弊,懂得"退即是进"的道理。如果我们遇事给自己几分钟,冷静地思考,一定可以拥有更开阔的心境,可以作出更加睿智的决策。

海纳百川，有容乃大

"海纳百川，有容乃大"，这是民族英雄林则徐在任两广总督期间，在自己府衙写的一副对联的上联，寓意为，要像大海能容纳无数江河水一样，以宽广的胸襟来容纳各方意见，以此来告诫自己要广纳贤言。

林则徐的这副对联，寥寥数语，却将做人之精华，悉数道尽。汪洋恣肆的大海，因为有了不择细流不择大河的胸怀，才有如此壮观。纵观中外古今，凡是事业成功者，无不具有"海纳百川"的宽宏大度，无不具有宽容的美德。

俗话说："将军额上能骑马，宰相肚里能撑船。"拥有一颗宽容之心比起美貌、金钱、荣誉更有价值，更具有内涵，更能赢得别人的尊重。金钱、荣誉都只是过眼烟云，生不带来，死不带去，很容易就被世人遗忘。可当一个人拥有了宽容，就会得到众人的尊重和敬仰。

唐太宗刚刚登基之时，虽然大权集于一身，但他仍然需要招贤纳才，以保江山永固。所以，他包容了曾出谋献策差点害死自己的魏征，不仅没有杀他，还委以重任，视魏征为自己的一面镜子。正是因有这份宽容，成就了唐太宗一代名君的称号，也成就了他"贞观之治"的千古伟业。

曹操虽有爱贤之名，却有时也心胸狭隘。曹操当时头痛症日趋严重，请来医术高超的华佗，华佗要把曹操的头剖开治病。曹操虽然佩服华佗医术高明，但更多的是猜疑，他怀疑华佗要加害于他。于是，他把华佗杀死了。这不仅让他损失了一个能救自己和许多伤兵的名医，还让他落了一个坏名声。

我们要用包容的心去待人接物,用一颗宽容之心去理解别人,用一种非凡的度量去容纳一些鸡毛蒜皮的琐事,用一颗仁慈之心去宽容他人的无心之失。这不仅会为我们迎来更多的尊重,同时也是对自身品格修养的锤炼。

古时候,有一个位智慧的老禅师,一天傍晚时分,老禅师在院中散步,无意中发现墙角处有一张椅子,看到此,老禅师便知道有出家人违犯寺规爬墙出去玩了。老禅师也不声张,走到墙边,移开椅子,就地而蹲。过了不大一会儿,果然有个小和尚翻过墙来,黑暗中踩着老禅师的脊背跳进了院子。

当他双脚着地时,才发觉刚才踏的不是椅子,而是自己的师父。小和尚顿时惊慌失措,张口结舌。但出乎小和尚意料的是,师父并没有厉声责备他,只是以平静的语调说:"夜深天凉,快去多穿一件衣服。"

可想而知,这样的力量远比师父严厉的斥责更能让小和尚认识到自己的错误。宽容如禅,有时候,需要我们用心去修炼。

海纳百川的胸怀不仅能让你拥有一颗平和安定的心,还能帮助你在自己熟悉和喜欢的领域,不断地实现自我突破,做出更大的成绩。因为,只有胸怀宽广的人,才能做到集众家之所长,并加以提炼,最终形成自己独一无二的风格。

张大千是具有世界影响的中国画大师。据说,张大千在西方搞个人画展时,曾请毕加索前来参观他的画展。毕加索观看了一圈后,问他:"你的画呢?我怎么什么都没看见?"张大千很不解:"我的画不都在这儿吗?"

后来张大千才恍然大悟,原来,毕加索说的是他的画没有自己的风格。从那以后,张大千开始深研从隋唐到清代的绘画,博采众家之长。57岁那年,张大千自创泼彩画法,这是在继承唐代王洽的泼墨画法的基础上,揉入西欧绘画的色光关系,而发展出来的一种山水画笔墨技法。

除此之外,张大千广结师友,虚心地向他们学习,取长补短。海纳百川的胸怀，让他在创作上取得了卓越的成就，最终成为了一代具有独特风格的中国画大师。

海之所以浩瀚无边，是因为它没有拒绝任何一条似乎毫无作用的溪水；山峰之所以巍峨万丈，是因为它没有摈弃任何一块不显眼的小石块；天空之所以广阔无边，是因为它没有排斥任何一片或美或丑的云彩。大海的浩瀚、山峰的巍峨、天空的广阔，缘于他们共同的品质——包容。海纳百川，有容乃大。人也如此，放飞心中那双天使般的包容的翅膀，你才能飞向更广阔的天空。

魔力悄悄话

"世界上最宽阔的东西是海洋，比海洋更宽阔的是天空，比天空更宽阔的是人的胸怀。"这是大文豪雨果的一句话。它深刻地诠释了宽广的胸怀有多重要。一颗宽容之心，能让我们放下很多烦恼，能让我们的人生变得更加精彩，更有分量，更有内容。

斤斤计较,烦恼无限

日常生活中,我们常常看到一些人,为了一点蝇头小利争得面红耳赤,动辄剑拔弩张;也有一些人为了逞一时的口舌之快,咄咄逼人,甚至大打出手。最后的结果,只能弄得两败俱伤,有百害而无一利。

我们生活在红尘之中,难免会遇到这样或那样的烦恼,遭遇种种不如意。如果一个人缺少一颗大度包容的心,气量狭小,凡事都斤斤计较,"利"字当头,那么在生活中就会处处碰壁,烦恼无限,这样的人生会变得很沉重。

社会是一个大家庭,不同的生活经历、不同的兴趣爱好、不同的文化背景和性格,由不同的人组合在一起,形成了一个个或大或小的集体。要想在这个大家庭中,营造一个良好的氛围,处理好与周围人的关系,对我们每个人来说,确实不是一件容易的事情。但是如果我们肯怀有一颗包容之心,理解他人,微笑面对人生的各种得失,放开胸怀,我们会得到更多。

从前,日本有一个年轻人脾气非常暴躁,经常为了一点小事就和别人大打出手,大家对他都避而远之,没有人愿意跟他做朋友。

一日,这个年轻人四处闲逛,不知不觉便来到了大德寺。恰巧遇到一休禅师在给弟子们讲佛法,他听完之后,深有感触,对自己曾经的所作所为感到异常后悔,所以决定痛改前非。他对一休禅师说:"师父,我以后再也不轻易与人起争执了,也不会动不动就和别人大打出手,以后凡事我都会默默忍让,不再计较。"一休法师笑着问他:"那你要如何默默忍受呢?"

年轻人想了一会儿,说道:"就算是人家吐口水在我脸上,我也会忍耐地拭去,不去与他计较!"一休法师摇了摇头,淡淡地说:"就让口水自干吧,别去拂拭！"年轻人听完，继续问道："那如果别人打我一拳，要怎么办呢？难道也不能还手？""当然啊，只不过是一拳而已，不要太在意。"一休法师微笑道。

年轻人顿时感到气愤不已，举起拳头便向一休法师挥了去，接着得意扬扬地问道："你现在感觉怎么样呢？还是不在意吗？"

一休禅师一点儿也没有生气，反而十分关切地说道："我的头比石头还硬，我倒是担心你的手是不是很痛！"年轻人听完，顿时无言。他对自己的行为感到羞愧不已，对一休禅师的话也有所领悟。

禅师的一句"就让口水自干吧，别去拂拭"道出了宽容和放下的真正含义，用手去擦干，说明心中还有怒气，还有在意，只是从理智上压制了自己的情绪，积压得多了，总还是会有爆发的一天。只有真正从情感上去宽容别人，不斤斤计较，你才不会被情境所迷惑，才能成为情绪的主人。

《宋稗类钞》中记载过这样一个故事：宋朝有个名叫苏掖的常州人，家里有钱，自己又当官，但是，这个人十分吝啬，常常因为一些蝇头小利，跟人争论不休。有人因为应急之需，不得已出卖自己的田产、房屋等，苏掖就压低价格，不会多出一毛钱来。有一次，他的儿子在旁边实在是看不下去了，就对他说："父亲，我看还是把价位抬高一些吧。说不定哪一天，我们的子孙也会到变卖家产的地步，如果真是到了那时，他们也会希望对方多给些的。"苏掖听了儿子的这番话，又吃惊，又羞愧，从此开始有所顿悟，再不会趁别人危难之际趁火打劫了。

在考虑得失时，我们不应该只看到眼前的利益，更应该考虑到今后的生存和发展。谁都会有需要他人帮助的时候，做人不要那么斤斤计较，凡事能让则让，必要的时候，给别人留一条出路，也是在给自己留退路。

美国心理专家威廉，通过多年的研究，得出一个被人忽视的结论，但凡对金钱利益太能算计的人，实际上生活大多不那么幸福，甚至是多病和短命的——他们90%以上都患有心理疾病。这些人感觉痛苦的时间和深度，也比不善于算计的人多了许多倍。换句话说,他们虽然很会算计,但却没有好日子过。

威廉的这一结论,得到了全世界同仁的一致肯定。有趣的是,在得出这一结论前,威廉自己就是一个极为能算计的人。他知道华盛顿的哪家袜子店的袜子最便宜,哪怕只比其他店便宜几分钱;他还知道哪家的快餐店比其他家便宜,即使是几分钱的不同;他也知道哪辆公交车比其他车都要便宜5美分;他还知道最低电影票的卖出地点和时间,等等。

正因为这样,威廉得了一身的病,30岁之前,他总与医院打交道,当然,他也知道哪一家医院的药费最便宜。不过那时他没有一天好日子过,更不要说快乐了。威廉在32岁那年终于醒悟了,他开始了关于"能算计者"的研究。他追踪了几百人,结果得出了这样一个惊人的结论。威廉的研究成果,使许多"太能算计者"脱离了苦海,看清了自己,身心得到了解放,改变了自己的生活和命运。

为人处世,不要斤斤计较。凡事总能找到解决的途径,只要你肯动脑筋。对于一些无关紧要的小事,不必太过计较。人生苦短,多留些快乐的日子给自己才是福。

魔力悄悄话

在面对一些生活中鸡毛蒜皮的琐事时,我们要尽量宽容大度些,能不计较的就不要去斤斤计较,凡事应泰然处之。这样,不仅会让自己变得更豁达,也会赢得别人更多的尊重。

吃亏不一定都是坏事

"贪小便宜吃大亏",这是对爱占蝇头小利的人的警告。反过来"吃亏就是占便宜"则是一种境界。道理谁都明白,可要是做起来就没那么容易了。现实生活中,真正能把吃亏当成占便宜的人,就算不是圣人,也起码是一个境界很高的人。

东汉光武帝时期,有个官拜太学博士叫甄宇的朝廷命官,他为人随和,忠厚善良,遇事谦让,朝廷上下,人缘不错,口碑很好。有一年,快过年的时候,光武帝就赐给大臣们一只外藩进贡的活羊。

等到散朝回家时,负责分配活羊的人犯难了,因为这批羊品种不一,有大有小,肥瘦不均,难以分发。大臣们纷纷献策:有人主张把羊通通杀掉,肥瘦搭配,人均一份;有人主张抓阄分羊,好坏全凭运气……一时议论纷纷,也没有个定论。这时,甄宇说话了:"分羊不是很简单的事吗?依我看,大家随便牵一只羊走不就可以了吗?"说完,他率先牵了最瘦小的一只羊走了。看到甄宇牵了最瘦小的羊走,其他的大臣也不好意思专牵最肥壮的羊,于是,大家都捡最小的羊牵,很快,羊都被牵光了。每个人都没有怨言。

此事传到光武帝耳中,给了甄宇一个"瘦羊博士"美誉,称颂朝野。不久在群臣推举下,他又被朝廷提拔为太学博士院院长。

从表面上看,甄宇牵走了一只小羊吃了亏,但他却因此得到了群臣的拥戴和皇上的器重。实际上,甄宇是得了大便宜。故意吃亏不是亏,而是有着深谋远虑的精明之举。

佛经上常常说,我们凡夫俗子,业障深重。所谓业障何来?就是因为我们放不下心中的个人利益，不能用一颗广阔的心胸来面对个人得失，不能做到凡事谦让，所以，我们芸芸众生，才会有烦恼，有羁绊。

其实，静下心来想想，人生在世，短短数十寒暑，吃一点亏又算得了什么呢？

低调的人对待得失，老是会说这样一句话"吃亏就是占便宜"，也许有人就会嘲讽说他是自欺欺人，是在寻找自我安慰。但事实是否真的如此呢？郑板桥曾说，君子为了人们上进，不仅利不能贪，功也不能贪，名也不能贪；吃一分亏，积一分福。占一分便宜，招一分祸。世上没有白流的汗，不积跬步，无以至千里。每一次的努力和付出，每一次的"吃亏"都会让人成长，让人从中学到东西，日积月累，就会在以后漫长的日子里让你实现更高的飞跃，无论是生活，还是人生境界，都会上升到另一个高度。

小王大学毕业后，就进入了一家出版社，在编辑部工作，他为人活泼机灵，又十分热心，容易相处。同事有什么忙不过来的事情，都愿意找他帮忙。他也常常是"有求必应"。

出版社的工作很忙，有时候会有很多突如其来的工作，任务繁重。可是上级又不愿增加人手，所以编辑部的同事常常还要兼顾一些发行部、业务部的工作。其他人多干一些活，就怨声载道，抱怨没有薪酬的加班。只有小王始终是乐呵呵地做事情，从来不抱怨，也不抵触，让他做什么，他就去做什么。领导虽然表面上没说什么，但是打心眼里喜欢这个年轻人。有时候，人手实在不够，甚至是那些搬书、装书的力气活儿，小王也一并承包下来。有同事悄悄对小王说："做这么多，又不给加工资，图什么呀？你是一个编辑，又不是劳工，他这是拿你当苦力使啊！"每次听到同事们好心地为他打抱不平，小王都只是淡淡笑笑，说："没事儿，我年轻，这点儿活算不了什么，吃亏就是占便宜嘛！"

渐渐地，小王成为领导支使最多的人，他像每个部门的临时助手一样，一时人手不够，连员工都去叫小王帮忙，取稿、跑印刷厂、邮寄、直销……从出版、印刷到发行，所有的业务流程，他都全程参与过。

渐渐地，他熟悉了出版社的整体运作状况，几年之后，他成立了一家自己的文化公司。那些"吃亏"时锻炼出来的经验，帮了他很大的忙，他一上手运作，便很容易地进入了状态。很快，他把文化公司经营得风生水起，生意红火，令当初那些同事羡慕不已。

小王的经历给了年轻人很大的启示：年轻的时候，阅历浅、经验少，尚不是计较报酬高低的时候，要知道，这时候人生还尚处在空白，没有任何的社会经验，一切都是雏形。只有通过不断的学习、开拓、积累，才能让自己更快地成长。

做每一件看似好像没什么用的事情，实际上都是在为自己的以后累积一些人生的经验。有机会多干一点活，就会多学到一些不同的知识，正是对自己最好的锻炼。从这些貌似"吃亏"的经历中得到的，远远不是金钱所能衡量的。

有的人说："希望在年轻时多经历一些挫折磨难，因为年轻，所以还有重来的机会。"

趁着年轻，多干一点，也就多学一点，日后表现自己的空间也就会更大一点。在这个过程中，自己的潜能也会不断得到发掘，总有一天，你会为自己惊叹："原来我也可以这么优秀！"

成功是最公平的，它不管你吃亏没吃亏，它只知道你付出，它不以金钱作为衡量标准。

一个人心智的成熟、人生阅历的增长，在它那里有完善科学的指数，它给你最公正的打分。而且机会，往往也愿意光顾那些吃亏的人。所以，我们每一次努力，每一次"吃亏"，实际上都是在接近机会，向成功一步步迈进。

没有人喜欢爱贪小便宜的人，但没有人会不喜欢爱吃亏的人。人与人之间的交往，从某种意义上来说，是一种交换关系，谁都希望自己在交换的过程中能多得到一些，或者至少能让自己的付出和他人的回报等同。因此，那些不计较吃亏的人，总是能得到周围人的喜欢，当他遇到困难的时候，大家也都愿意伸出援助之手。这就是为什么人们会说"吃亏就是占便宜的缘由"。

生活中很多的不快乐,是因为觉得自己吃了亏,其实只要换一种思维方式,当你觉得你失去了某种东西的时候,其实也是在以另一种形式得到。这样,吃亏也是一件快乐的事情。不要期待眼前的回馈,保持一种平常心,就会觉得,原来生活也可以如此美好。

魔力悄悄话

"吃亏就是占便宜",不是自我解嘲的阿Q精神,而是一种境界。做人做事不要患得患失,把吃亏当作是在累积经验,提高自己做事的能力,扩大人际关系网络的途径,你会慢慢发现,吃亏就是一种福气,还是难得的福气。

以人为先，懂得谦让

　　人与人的相识是一种缘分，能成为朋友的，更是难能可贵的情谊。大千世界，芸芸众生，每天会有很多人与我们擦肩而过，单单与某些人成了朋友。所以，我们更加没有理由不去珍惜这份难得的情谊。

　　朋友之间的相处，最重要的就是一个"先"字，就是凡事不要斤斤计较，以人为先。

　　一时的忍耐和迁就，很可能会为你赢得一个患难与共的知己，一份难得的友谊。

　　朋友之间相处，难免会有隔膜出现，如果我们都是为一些琐碎的小事，斤斤计较，没有一颗包容的胸怀和豁达的气度，那么这个朋友就会离你而去，让自己成为孤家寡人。

　　如果我们常常怀有感恩之心，对朋友在生活中的帮助有所谢意，我们宽宏待人，宽容朋友的某些过失，那样，我们身边就会经常有朋友的，就会得到越来越多的朋友帮助和关怀。

　　忘记我们该忘记的，记住我们应该记住的。那些美好的、善良的事情我们应该铭记；那些不愉快的、有冲突的、丑陋的事情我们要学会忘记。

　　朋友之间健康的关系，应该是双方都彼此谦让，互助互利，救朋友于危难之时的。

　　健康的人际关系应建立在宽容、谦让，尊重他人的基础上。如果你懂得谦让，懂得尊重别人的意愿，不以己为重，来强迫他人，他人就会被你的道德人格所折服。

　　孔子曰："可与共学，未可与适道；可与适道，未可而立；可与立，未可与权。"这其中的意思就是：可以和朋友一起学习，但不一定可以和他趋向正道;可以和他趋向正道,也未必可以和他有相同的道德品质;可以和他有相同的道德品质,也未必可以和他权衡世事。所以,对待自己的朋友,不能片面的苛求他都与你相同,如果过于偏激,就会伤害到朋友。

每一个人都希望自己能有几个真正可以推心置腹的知己,但是这样的愿望能否实现,却要看自己用什么样的心态去对待朋友了。要想在交友过程中获得友谊,就要学会尊重朋友,凡事多多征求朋友的意见,不要一味只顾着自己,要懂得谦让。朋友之间彼此谦让与尊重,这是交友双方的基本态度。

其实,谦让也是一种真诚的表现,因为真心地想要维持一段友谊,所以才会谦让,才会包容。古人说:"心诚则灵"。

有句俗话说"人心换人心",人与人之间交往,只有以诚相待,才会心心相印,才可能真正互相了解,真正取得信任;只有以诚相待,才能推心置腹,实事求是,敢讲真话,做人生之挚友;只有以诚相待,才能恪守信义,抛却虚伪。

对自己有利就亲密无间,对自己不利就疏远冷漠,有了这种念头,在人与人之间的交往中,就会失去互相尊重和信任,也不会有真正的友谊存在。

魔力悄悄话

朋友之间应当学会谦让,这表现在一是要忍让朋友,二是对朋友要谦和。我们要宽宏大量,能容忍朋友的过失,宽以待人。要忍住自己的偏见,对待朋友谦和,这样才能赢得朋友的真心。

得理也要饶人

民间有句谚语叫作"得理不饶人"。的确,有理走遍天下,本来"理"就在人家那,即便"不让"也是无可厚非的事。可是,也有句谚语,叫作"得饶人处且饶人"。有句古话说得好:"人非圣贤,孰能无过?"在日常生活和工作中,谁都会有犯错的时候,与人相处的过程中,没必要揪着别人的错误不放,给别人一个台阶,其实也是在给自己留条后路。

王红是一家机关单位的老员工,在办公室里常常以公司元老自居,尤其是对新来的员工,更是颐指气使,颇具优越感,常常会把一些工作分派给新员工做。同一个办公室里的小刘,是位新来的员工,工作很积极,一开始分担了王红大部分工作,但是时间一长,小刘就了解到王红的为人,便渐渐地减少为王红挑担的工作,只是埋头做自己的分内事了,这样王红很是失落。

小刘能力很强,又年轻有冲劲,很快得到了领导的重视,并有提拔她的迹象,这也让王红感到心里不舒服。不过,小刘有个不好的习惯,上班的时候,喜欢吃零食,而且不喜好整理办公桌,所以她的桌子上,看着很凌乱。一次,上级领导突击查看,刚好是走到了她们办公室,并对小刘凌乱的办公桌表示了不满。本来领导只是批评两句,可王红听了却拿着鸡毛当令箭,逢人便说小刘的毛病,甚至一度在领导面前添油加醋地大做文章。自然,这些话都免不了传回小刘的耳朵里。小刘明知自己有错在先,只得忍气吞声,发奋工作,以排除那件事对自己造成的负面影响。日子久了,人们便淡忘了小刘往日的小缺陷,开始瞩目她日渐突出的成绩。

半年后,小刘被提拔为部门经理,而王红却因为人刻薄,与同事关系不合,被降到了一个没有什么实权的职位上。

俗话说:"饶人不是痴汉。"因此,在人际交往中,与人发生矛盾冲突时,千万不要穷追猛打,咄咄逼人,紧咬着别人的错误不放。这样不仅会扩大矛盾冲突,还会让周围人觉得,你是一个心胸狭窄、没有度量的人。若是能留一点余地给得罪你的人,不但不会吃亏,反而会使事情得到很好的解决。

很多时候,放对方一条生路,给对方一个台阶下,为对方留点面子和立足之地,对大家都有好处。一个真正大智的人,一定懂得留一点余地给得罪自己的人,凡事退一步,得理饶人。否则,不但消灭不了眼前的这个"敌人",还会失去很多身边的朋友。

无论面对什么事情,只要态度保持谦和,说话语气温柔一些,你会发现,很多看起来难以解决的问题,都不成问题。越是得理的人,越要"气和",如果"理直"就"气壮",不仅不会让事情得到解决,还会让原本很简单的问题变得棘手。态度越是强硬嚣张,在这个时候,越容易因一时的冲动而出口伤人,有时候,伤害了别人而自己却没有意识到,可能会就此为自己埋下一个潜在的敌人。既然确实有理,就不需要争执,不需要粗声大气,不需要发脾气。越是有理,越要饶人。被饶的人总会知道,而你待人的宽容和忍耐,便是你美好的名声。

有一个人在一家餐馆吃饭时,发现汤里有一只苍蝇,不由大动肝火。他先质问服务员,对方全然不理。后来他亲自找到餐馆老板,质问他给个合理的解释,那老板只顾训斥服务员,却全然不理睬他的抗议。他只得暗示老板:"对不起,请您告诉我,我该怎样对这只苍蝇的侵权行为进行起诉呢?"那老板这才意识到自己的错处,忙换来一碗汤,谦恭地说:"你是我们这里最尊贵的客人!"显然,这个顾客虽理占上风,却没有对老板纠缠不休,而是借用所谓苍蝇侵权的类比之言暗示对方:"只要有所道歉,我就饶恕你。"这样自然就十分幽默风趣又十分得体地化解了双方的窘迫。

金无足赤,人无完人。在日常生活和工作中,谁都可能会犯下很多无心之过，陷入尴尬的境地。既然是无心之过，说明对方也一定心怀内疚。因而，得理也要饶人，是应遵循的原则之一。如果你得理不饶人，让对方走投无路，就有可能激化双方原本很小的矛盾。在别人理亏你占理的情况下，放他一条生路，他也会心存感激，就算不感激你，起码也不会与你为敌。

魔力悄悄话

俗话说"得饶人处且饶人"，佛家讲"慈悲为怀"，其实说的都是一个道理，就是要告诉世人，即使是在"得理"的时候，也要"饶人"，不要仗着自己有理，就处处为难，咄咄逼人。否则，到最后只能把小事变大，导致两败俱伤。